땅이 가족의

황당
지리여행

초·중생을 위한 **유쾌발랄 지리** 교과서

땅이 가족의 **황당 지리여행**

박정애, 엄정훈 지음
주선희 일러스트레이션

살림

초 대장

to. 땅이와 하늘이 친구들에게

안녕. 난 오지랖 대장이란다. 새침데기 땅이와 천방지축 하늘이의 자랑스러운 아빠이지. 근데 왜 내가 '오지랖' 이냐고? 워낙 쓸데없이 아무 일에나 참견하는 걸 좋아하고, 툭 하면 엉뚱한 일을 저지르다보니 현명해 여사가 지어준 별명이란다.

이번에 이 오지랖 대장이 세계 탐험을 하다가 그만 악당 제트에게 납치가 되었단다. 그래서 우리 가족을 엄청 고생시켰지. 물론 모든 일에는 생각지도 못한 반전이 있기는 하지만…….ㅋㅋ 흠흠. 그렇지만 모든 일을 지혜롭게 해결하는 나의 아내 현명해 여사와, 매사에 똑 부러지는 똑똑한 우리 딸 땅이, 조금 덜렁대지만 착하고 순수한 우리 아들 하늘이는 몇 번의 위험한 고비를 넘기고도 세계 지리 여행을 무사히 마칠 수 있었단다.

아, 이 오지랖 대장의 직업이 궁금하다고? 내가 하는 일은 세계의 기후를 관찰하고 연구하는 것이란다. 열대우림·사바나·사막·지중해성·서안해양성·타이가·고산·툰드라 기후 등 지구상에 나타나는 기후를 연구하다 보니 세계 여행을 많이 다니게 됐지. 아저씨는 세계 곳곳을 안 다녀 본 곳이 없단다.

오랫동안 세계를 여행 하면서 깨달은 것이 한 가지가 있단다. 어떤 지역의 특수한 기후를 이해하게 되면 그 지역 사람들의 문화와 독특한 생활환경 등은 저절로 깨닫게 된다는 것이지. 너희들도 학교에서 수업 시간에 배우는 세계 여러 지역 사람들의 다양한 생활 모습들이 모두 그 지역의 기후와 연관되어 있다는 것을 알 수 있을 것이야. 아저씨는 아저씨가 깨달은 것처럼 우리 가족도 세상을 이해하는 현명한 눈을 키울 수 있기를 바랐단다. 물론 작전대성공이었지!^^ 너희들도 땅이, 하늘이와 함께 이번 지리 여행을 하고 나면 분명 몸과 마음이 한 뼘씩 자라 있을 거야. 덩달아 학교 성적이 오르는 것은 두말할 나위가 없지!! ㅋㅋ

자, 이제부터 이 오지랖 대장이 세계 곳곳에 남긴 힌트들을 찾아보고 추리하면서 땅이, 하늘이와 함께 유쾌 발랄한 지리여행을 떠나보지 않을래? 다들 여행 떠날 준비는 됐겠지?

그럼 이제 떠나보자! 출발!

from 오지랖 대장

등장인물

■ 땅이

운동보다 책읽기를 100배는 더 좋아하는 책벌레 소녀.
오지랖 대장의 힌트를 좇아 세계 각국을 누비는 도중에 대장의 모습을 발견하는 뛰어난 능력을 발휘하지만 누구도 믿어주지 않는다. 아는 것도 많고, 욕심도 많아 오빠인 하늘이에게 절대 지지 않는 새침데기. 하지만 위험에 처할 때마다 자신을 보호해주는 하늘 오빠에게 고마운 마음을 가지고 있는 귀여운 동생이다.

■ 하늘이

남을 웃기는 것만큼은 땅이를 이길 자신이 있는 천방지축.
그저 노는 것만 좋아하는 것처럼 보이지만 누구보다 따뜻한 마음씨를 가지고 있는 하늘이는 엄마와 동생을 지킬 줄 아는 진정한 사나이다. 여행 중에 금발의 러시아 소녀와 사랑에 빠지는 '로맨틱 가이'이기도 하다.

■ 현명해 여사

호피무늬 뿔테안경을 고쳐 쓰면 상대방은 어김없이 그녀의 뜻에 따르게 되는, 진정한 카리스마의 소유자. 한때 탐험가를 꿈꾸며 5개 국어를 마스터하는 등 세계 각국에 관한 방대한 지식을 갖고 있다. 하지만 오지랖 대장 앞에서는 한없이 여린 여자이고 싶다.

■ 오지랖 대장

군것질을 좋아해서 배가 볼록 튀어나온 탐험가 오지랖 대장은 세계 탐험 중에 악당 제트맨에게 납치된다.

Chapter 1

사라진 대장을 구하러 출발!

“하나 둘, 하나 둘……. 땅이, 자꾸 뒤처지면 오후에 독후감 숙제 하나 더 내줄 줄 알아!”

현명해 여사의 엄포에 땅이는 입을 삐죽였다.

“차라리 독후감 쓰는 게 더 나은 걸! 아침부터 무슨 운동? 엄마 미워!”

모처럼 쉬는 토요일인데 늦잠을 자지 못한 것이 땅이는 너무 억울했다.

“그래도 학교 가는 것보다 훨씬 좋지 않냐? 난 노는 토요일이 제일 좋더라.”

하늘이는 힘들지도 않은지 땅이 주변을 덤벙덤벙 뛰어다녀 정신을 어지럽게 만들었다.

“오빠가 공부하고는 담쌓아서 그렇지! 난 운동보다는 공부가 백

배 더 낫다 뭐!"

책이라면 사족을 못 쓰는 공부벌레 땅이와 달리 하늘이는 공부의 'ㄱ' 자도 싫어했다.

"너도 중학생 돼 봐. 장난이 아니라니까. 아, 난 언제 대장처럼 커서 학교를 안 다닐 수 있을까."

"아얏!"

하늘이와 땅이는 합창하듯이 동시에 소리를 질렀다. 엄마가 한참 뒤처져 구시렁거리고 있는 하늘이와 땅이의 귀를 잡아당긴 것이다. 둘 다 정신이 번쩍 들었다.

"학교 안 다닐 궁리만 하는데 대장이 정말 좋아하겠다. 열심히 공부하고 운동해서 대장한테 부끄럽지 않은 아들 딸이 되어야지. 그래, 안 그래?"

엄마는 콧등에 흘러내린 호피무늬 뿔테안경을 고쳐 쓰며 말했다. 엄마가 안경테를 만지작거릴 때는 누가 뭐래도 그 고집을 꺾지 않겠다는 의미였다.

■탐험가란?

탐험가(探險家)란 위험을 무릅쓰고 어떤 곳을 찾아가서 살펴보고 조사하는 일을 전문으로 하는 사람을 말합니다. 남들이 가지 않았던 곳으로 여행을 떠나 세계에서 가장 높은 봉우리에 오르거나, 세계에서 가장 깊은 바다 속으로 들어가 보는 사람들이지요.
최초로 남극에 도달한 아문센, 아프리카 대륙을 탐험한 리빙스턴 등을 대표적인 탐험가라고 할 수 있지요.

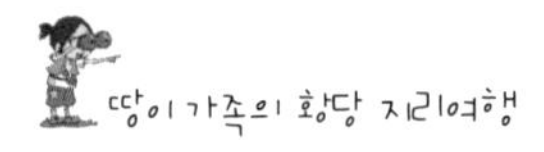

"그래요."

하늘이와 땅이는 얌전히 대답을 하면서도 대장의 호탕한 웃음이 그리웠다. 대장은 지금쯤 세계 어디를 여행하고 있을까? 성격은 하늘과 땅만큼 차이가 나지만, 하늘이와 땅이의 꿈은 모두 대장처럼 멋진 탐험가가 되는 것이다.

"자, 그럼 우리 멋진 아들 딸, 집 앞으로 출발! 꼴찌는 설거지하기!"

설거지만큼은 절대로 할 수 없지! 하늘이와 땅이는 정신없이 달리기 시작했다.

아문센(Roald Amundsen, 1872.7.16~1928.6.18)

악당 제트에게 오지랖 대장이 납치되었다!

"엄마, 우체통에 무엇인가 들어있어요! 대장이 보낸 편지인가?"

노란색 오리모양의 우체통에 무언가 두툼한 것이 끼워져 있었다. 하늘이가 한 발 빨리 우편물을 집어 들었다.

"어, 이거 생각보다 무거운데! 대장이 선물을 보냈나 봐!"

하늘이와 땅이가 서로 뜯어보겠다고 엎치락뒤치락 하는 사이 엄마가 우편물을 낚아챘다.

"자, 싸우지들 말고 이렇게 하자. 엄마가 먼저 읽을게. 그러면 공평하지?"

전혀 공평하지 않았다. 아빠 소식을 제일 먼저 읽고 싶었는데! 하여간 엄마가 우리집 독재자라니까!

엄마가 대장의 편지를 읽는 사이 하늘이와 땅이는 편지를 훔쳐보기 위해 까치발도 들고, 콩콩 뛰어도 보면서 엄마 주위를 맴돌았다. 달랑 한 장짜리 편지인데 뭘 저렇게 오래 읽으시지? 엄마는 몇 번이나 뿔테안경을 고쳐 쓰고, 편지를 읽다가 갑자기 바닥에 풀썩 주저앉았다.

"엄마! 왜 그래요? 편지에 뭐라고 쓰여 있는데요?"

하늘이가 엄마를 부축하는 사이 땅이는 엄마 손에서 스르륵 미끄러진 편지를 주워들었다. 편지에는 친숙한 대장의 글씨체 대신 삐뚤빼뚤 못쓴 글자들로 가득했다.

"오빠! 아빠, 아빠가 나쁜 놈한테 잡혀갔대! 으아앙~"

땅이가 울음을 터뜨리자 겨우 참고 있었던 현명해 여사까지 함께 울기 시작했다. 하늘이도 대장이 위험하다는 소식에 깜짝 놀랐지만 두 모녀가 어찌나 엉엉 우는지 함께 슬퍼할 새도 없었다. 하늘이는 눈물을 훔쳐내고 엄마와 땅이의 등을 토닥이며 말했다.

“엄마, 땅아, 울지마. 아빠는 괜찮을 거야. 대장은 늘 천하무적이라고 했잖아요. 응?”

하지만 하늘이의 말은 예전에 대장이 너털웃음을 지으며 ‘이래뵈도 천하무적이라니까!’ 라고 외치던 모습을 생각나게 해 눈물만 더 흘리게 한 셈이 되었다.

‘아, 어쩌지? 대장, 대장이라면 이런 상황에서 어떻게 했을까요?’

하늘이는 도무지 감이 잡히지 않았다.

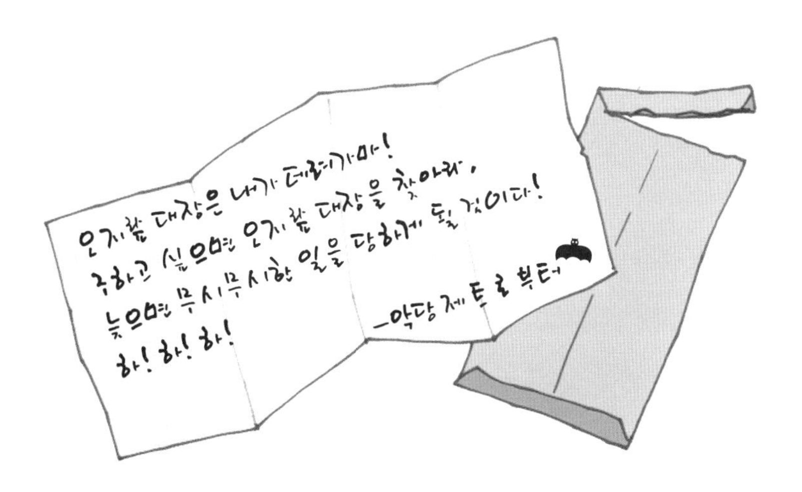
온지콩 대장은 내가 데려가마!
구하고 싶으면 온지콩 대장을 찾아라.
늦으면 무시무시한 일을 당하게 될 것이다!
하! 하! 하!
—악당 제트로부터

"얘들아, 앞으로 시간을 30분 줄 테니 각자 짐을 꾸려서 마당으로 집합해라."

한참을 바닥에 주저앉아 땅이를 부여잡고 대성통곡하던 현명해 여사는 언제 그랬느냐는 듯이 눈물을 닦으며 말했다. 하늘이와 땅이는 엄마의 말을 이해하지 못하고 눈만 껌뻑껌뻑 거리며 쳐다보자 현명해 여사는 안경을 고쳐 쓰며 다시 한 번 말했다.

"어서 짐을 챙겨! 최대한 빨리 떠날 수 있게."

"떠나요? 어디로요?"

"어디긴, 아빠를 찾으러 가야지! 늦으면 대장이 무시무시한 일을 당한다잖니!"

대장의 실종 소식으로 엄마가 충격을 많이 받기는 하셨나보다. 대장이 어디 있는 줄 알고 떠난단 말인가!

"엄마, 진정하세요! 아빠가 계신 곳을 어떻게 알고요?"

현명해 여사는 노란색 국제우편 봉투를 내밀며 자신 있게 말했다.

"아프리카! 우편물에 보낸 주소가 적혀 있잖니. 거기에 가면 제트인지 뭔지 그놈의 악당을 잡을 수 있을 거야."

"우와, 엄마 정말 똑똑해요! 울면서 어떻게 그런 생각을 하셨을까요!"

뭐 별로 기발한 아이디어도 아닌데 하늘이는 괜스레 호들갑을 떨었다. 보나마나 여행이란 소리에 들떠서 그런 것이다.

"그럼, 학교는요?"

땅이는 하늘이의 속셈을 다 안다는 눈빛으로 바라보았다. 메롱!

"땅아, 대장이 위험하다는데 선생님께 양해를 구하고 떠나야지. 빨리 가서 짐을 챙겨와. 여행이 얼마나 계속될지 모르니 잘 생각해서 꼼꼼하게 챙겨야 한다. 알았지?"

엄마는 그렇게 말하고 나서 안방으로 휙 들어가 버리셨다. 말도 안 돼! 엄마가 저럴 리가 없는데! 결석이라는 단어는 엄마와 전혀 어울리지 않는 단어였다. 지난번에 땅이가 고열로 드러누웠

■여행가방 꾸리기

여행에서 짐은 되도록 간편하게 꾸리는 것이 좋습니다. 이것저것 많이 준비하다 보면 부피만 커지고 정작 여행지에서는 한 번도 쓰지 않고 다시 가져오게 되는 경우가 있기 때문이지요.

옷가지는 목적지에 적당한 옷을 종류별로(겉옷, 속옷, 양말 등) 나누어 비닐 백에 넣어 가면 좋습니다. 비닐 백은 입고 벗은 옷, 속옷 등을 넣어오는데 요긴하게 쓸 수 있지요. 또한 기본적인 세면도구와 로션 등은 개인적으로 준비하는 것이 좋습니다.

비상약품 또한 꼭 챙겨야 합니다. 대부분의 여행지는 의사의 처방전 없이 약품을 구입할 수 없으므로, 연고(모기나 벌레에 물렸을 때), 항생제, 설사약, 진통제, 소화제, 밴드 등을 준비해가는 것이 좋습니다. 그 외에 있으면 요긴하게 쓰이는 품목으로는 손톱깎이, 손전등, 우산, 읽을거리 등이 있습니다.

여권, 항공권, 각종 출입국 서류는 안전하게 보관해야 하므로 전대나 작은 가방에 보관하는 것이 좋습니다.

을 때도 링거를 맞고 열이 내리자 오후에는 학교에 가야 했었다.

"야호, 여행이다!"

"오빠는 대장이 위험하다는데 뭐가 좋냐!"

"아니, 좋은 게 아니라……. 그럼 넌 대장 구하러 가기 싫다는 거야?"

땅이가 눈을 흘기면서 잔소리를 하려고 하자 하늘이는 시간이 없다며 자기 방으로 올라가버렸다.

물론 땅이도 대장을 구하러 가고 싶었다. 하지만 두부 한 모 살 때에도 고르고 또 고르던 엄마가 저렇게 갑자기 결심을 하니 뭔가 영 불안했다.

땅이는 다시 한번 편지를 찬찬히 살펴보았다. 편지의 글씨는 차라리 그렸다는 표현이 맞을 정도로 엉망이었다. 아무래도 악당 제트는 한글을 모르는 사람 같았다.

"그냥 영어로 쓰면 되지 왜 힘들게 한글로 썼을까? 친절한 악당인가?"

주소는 어떻게 썼을지 궁금해서 우편봉투를 집어 드니 봉투 안에 두툼한 것이 들어 있었다. 편지에 정신이 팔려 다른 건 보지도 않은 것이다. 봉투 안에는 낡은 노트 한 권이 들어 있었다.

"이게 뭐지? 어디 보자. 3월 1일 햇볕은 쨍쨍 모래알은 반짝. 사막에 오니 땅이와 하늘이가 더 보고 싶다……. 어, 이건 대장의 일기잖아!"

세상에! 이렇게 중요한 걸 놓치다니! 정말 엄마답지 않았다.

"너 그렇게 꼼지락거리면 오빠만 데리고 떠날 거다!"

대장의 일기를 읽어보려는데 엄마의 불호령이 떨어졌다.

"알았어요, 알았다고요!"

땅이네 가족, 대장을 찾아 여행을 떠나다

땅이는 보라색 바비 가방 안에 갈아입을 옷가지와 속옷, 양말, 키티 칫솔, 여행 일기를 쓸 핑크색 노트와 세계지도를 챙겼다. 대장의 일기장은 비행기를 타면 찬찬히 읽어보기로 하고 가방 안쪽에 깊숙하게 넣어 두었다. 여행 갈 때면 늘 쓰던 사파리 모자를 쓰고, 마지막으로 대장이 스위스 여행 선물로 사다주신 나침반 목걸이를 걸자 마치 꼬마 리빙스턴 박사 같았다. 여행 준비 끝!

태어나서 처음으로 떠나는 해외여행이었다. 대장이 위험하지만 않다면 방방 뛰어다니면서 자랑이라도 하고 싶었다. 꿈에 그리던 아프리카에 가는 것이다!

"하늘이, 땅이, 집합!"

하늘이와 땅이는 마당으로 후다닥 뛰어 나갔다. 엄마는 거짓말 조금 보태서 엄마 키만 한 크기의 배낭을 메고 하늘이와 땅이를 기다리고 있었다.

"엄마, 무슨 짐이 그렇게 많아요?

■ **리빙스턴 박사**

리빙스턴 박사는 1852~1856년에 케이프타운을 출발, 루안다를 거쳐 대륙을 횡단하여 켈리마네까지 이르러 아프리카 횡단 여행을 했습니다.
이 여행을 계기로 1856년 『남아프리카 전도여행기 : Missionary Travels and Researches in South Africa』, 1864년 다시 귀국하여 『잠베지강과 그 지류 : Zambesi and its Tributaries』를 출간했습니다. 리빙스턴은 빅토리아 폭포와 잠베지 강을 발견하였고, 아프리카의 '노예사냥' 실태를 폭로함으로써, 노예무역 금지에 이바지하는 등 많은 업적을 남겼습니다.

대장이 늘 짐은 간소하게 챙기라고 했잖아요!"

"모르는 소리! 여행이 얼마나 길어질지 모르는데. 너희한테 들어달라는 소리 안 할 테니까 걱정하지 마라. 자, 이제부터 가장 중요한 걸 말하마."

엄마는 뿔테안경을 고쳐 쓰고 벨트처럼 생긴 주머니를 세 개 꺼냈다.

"이건 전대라는 건데, 이 안에 각자의 여권과 비행기 티켓, 그리고 비상금을 넣어 줄 거야. 여권은 국제신분증인데, 여권을 잃어버리면 국제미아가 되는 거란다. 절대 잃어버려서는 안 되고, 그 누구한테도 절대 빌려주거나 하면 안 돼. 알았지?"

엄마는 '절대' 라는 말을 강조하면서 다시 한번 뿔테안경을 고쳐 썼다. 하늘이와 땅이는 중요한 임무라도 맡은 것처럼 비장한 표정으로 전대를 받아 허리에 둘렀다.

"자, 이제 떠나자! 제트맨인지 뭐시기인지 이 현명해 여사한테 잡히기만 해봐! 가만 안 두겠어!"

하늘이와 땅이도 함께 구호를 외쳤다.

"아자, 아자, 가자! 제트맨, 가만 안 두겠어."

■ 여권

여행자의 국적 · 신분을 증명하고, 해외여행을 허가하며, 외국 관헌의 보호를 부탁하는 문서입니다. 국가에 따라 양식 · 기재사항 등은 조금씩 차이가 있지만, 여권 없이는 다른 나라에 입국할 수 없습니다.

한국
니제르
케냐

Chapter 2

사막의 부시착

Date . 4 . 25 .

세계의 기후와 지역 특성을 연구하기 위한 '세계의 기후 프로젝트'를 수행한지도 벌써 2년이나 흘렀다. 이글이글 타오르던 태양이 어느새 저물어 가고 있다. 홍시처럼 빨갛게 달아오른 하늘을 보고 있자니 이곳 테레네 사막이 세상에서 가장 아름다운 사막이라고 칭송받는 이유를 알 것 같다. 하늘이, 땅이와 함께 이 노을을 볼 수 있다면 얼마나 좋을까.

– 빌마 마을에서 쓴 대장의 마지막 일기에서

드디어 니제르 공항에 도착한 현명해 여사와 하늘이, 땅이! 장장 서른 시간에 걸친 비행으로 다들 지쳐있었다. 직행 비행기가 없어서 케냐의 나이로비 공항에서 몇 시간을 기다려 겨우 니제르행 비행기를 탄 것이다. 다들 좁은 좌석에서 새우잠을 자고, 제대로 씻지 못해 부스스한 모습이 딱 국제 미아들 같았다.

여기서 끝이 아니다. 대장이 마지막으로 일기를 쓴 테레네 사막의 오아시스까지 가려면 다시 경비행기를 타고 또 몇 시간을 날아가야 하는 것이다.

"으윽~, 이제 비행기라면 보기도 싫어!"

"그래도 이번에는 경비행기야. 훨씬 스릴 있을 것 같지 않냐?"

장시간 비행의 피로와 아프리카의 지독한 더위로 짜증이 난 땅이와 달리 하늘이는 멀쩡했다. 땅이는 아직도 기운이 팔팔한 하늘 오빠가 신기하기만 했다.

"태양이 밝은 곳에 오니까 하늘이는 힘이 나는 모양이구나. 땅이도 조금만 참으렴. 테레네 사막은 경비행기가 아니면 자동차를 타고 며칠이나 가야 하는 곳이야. 게다가 차로 움직이면 길을 잃을 위험도 있어. 싫어도 어쩔 수 없어. 빨리 대장을 찾아야지."

대장 얘기가 나오자 땅이는 순순히 꼬리를 내렸다. 하늘이와 땅이는 엄마를 따라 테레네 사막으로 떠나는 경비행기가 있는 곳으로 갔다.

케냐에 도착하면서부터 느낀 것이지만 아프리카 사람들 피부는 정말 까맸다. 기차역 정도 되는 작은 규모의 공항에 사람들이 북적북적하자 키가 작은 하늘이와 땅이는 앞이 어두울 정도였다. 그런데도 엄마는 이리저리 돌아다니며 방향을 묻고, 표를 사고, 화장실을 찾아내고, 경비행장까지 손쉽게 가는 것이다.

"우와! 엄마, 영어 짱이다! 어떻게 영어를 그렇게 잘해요?"

"엄마가 방금 한 말은 영어가 아니야. 바보."

하늘이의 호들갑에 땅이가 핀잔을 주었다. 땅이도 잘 알지는 못하지만 영어라고 하기엔 발음이 영 느끼했다.

"그래, 땅이 말대로 이곳의 공용어는 영어가 아니라 프랑스어야. 니제르는 한때 프랑스 식민지였단다. 그래서 아직도 프랑스어를 공용어로 하고 있지."

"엥? 엄마, 프랑스어도 할 줄 알아요? 대단해요!"

"이 정도 가지고 뭘! 세계 일주가 꿈이었을 때 사용하려고 열심히 공부해둔 덕분이지. 영어, 불어, 스페인어, 중국어, 일본어까지 완벽하게 마스터 해두었다고!"

■ 니제르(Niger)

아프리카 대륙 중서부에 위치한 니제르는 북쪽은 알제리와 리비아, 동쪽은 차드, 남쪽은 나이지리아와 베냉과 각각 국경을 접하고 있는 내륙국입니다. 니제르의 면적은 1,189,546km²으로 약 1,100만명의 국민이 살고 있습니다. 1911년부터 1958년까지 프랑스의 식민지 지배로 인해 프랑스어를 공용어로 사용하고 있습니다. 사하라 사막이 있는 북부지역은 연간 강우량이 상당히 적어 100mm에도 달하지 않는 무척 건조한 기후입니다.

현명해 여사는 코끝에 대롱대롱 걸려있던 뿔테안경을 고쳐 쓰며 말했다.

"우와~, 5개 국어씩이나! 정말 대단해요!"

엄마가 할 줄 아는 말은 공부하라는 소리밖에 없는 줄 알았던 하늘이와 땅이는 새삼 엄마가 다르게 보였다.

"그런데 엄마, 왜 세계여행 안 했어요?"

"그거야 뭐……. 어! 비행기 떠나려고 하나 봐! 얘들아 뛰어!"

미처 대답을 들을 새도 없이, 또 경비행기가 어떻게 생겼는지 구경할 새도 없이 땅이네 가족은 경비행기에 올라탔다.

"승객 여러분, 안녕하십니까! 사하라의 독수리호에 승선하신 것을 환영합니다! 저는 독수리호를 책임질 기장 룸바룸바룸이굽쇼! 하하!"

경비행기에 올라타자 기내 방송이 시작되었다. 승객이라고 해봐야 엄마와 하늘이, 땅이 밖에 없는데다, 조종실이 훤히 다 보이는 구조였지만 룸바룸바룸 기장은 거창하게 인사를 했다. 하지만 우렁찬 기장의 목소리와는 반대로 기내는 정말 작고 허름했다. 경비행기를 탄다고 좋아했던 하늘이마저도 은근히 겁이 나기 시작한 모양이었다.

"기장 아저씨! 이렇게 작은 비행기가 정말로 하늘을 날 수 있다고요?"

까만 피부에 100Kg은 거뜬하게 나갈 것 같은 거구의 기장이 웃으며 말했다.

"하하! 꼬마 도련님, 사하라의 독수리호를 얕잡아 보다가는 큰코 다친다고! 그래도 지난 사십 년간 무사고 비행을 한 특급 비행기란 말씀이야!"

"네? 사십 년이나 된 비행기라고요?"

기장은 얼굴이 노랗게 뜬 땅이와 하늘이가 재미있는지 더 크게 웃다가, 현명해 여사의 날카로운 눈빛에 겨우 말을 이었다.

"사하라의 독수리호는 이제 곧 출발할 예정입니다. 의자 아래쪽에 준비된 낙하산을 각자 착용해주시고, 안전벨트도 꼭 매주십쇼."

"낙하산을 착용하라고요? 경비행기는 원래 그런가요?"

"다 그런 건 아니지만 미리 조심하자는 거지. 좋은 게 좋은 거잖아! 그럼 이제 출발합니다!"

기장의 호언장담과 달리 엔진은 천둥번개 치는 소리를 내며 힘겹게 시동이 걸렸다. 땅이네 가족은 얼른 낙하산을 꺼내 어깨에 메었다. 엔진 소리를 들어보니 사막의 독수리호는 안 떨어지는 게 더 이상하다 할 만큼 낡은 고물이었다.

하늘이와 땅이는 안전벨트를 단단히 묶는 것도 모자라 손가락 마디마디가 하얘질 정도로 양 손잡이를 꼭 잡고 있었다.

"얘들아, 저 아래를 봐. 신기하지?"

현명해 여사는 아이들의 주의를 다른 곳으로 돌리기 위해 창밖을 가리키며 말했다.

조심스럽게 창밖을 내다본 땅이는 고개를 갸우뚱 거리며 말했다.

"엄마, 우리 사막 위를 날고 있는 거 아니에요?"

"그럼. 사하라 사막 중 가장 아름답다는 테레네 사막으로 가고

■사막이란?

비나 눈이 내리는 양에 비해 증발되는 수분의 양이 더 많아 식물이 거의 자랄 수 없는 불모지를 사막이라고 합니다. 흔히 사막을 '일년내내 더운 곳'이라고 알고 있지만, 겨울에 영하로 내려가는 지역도 비나 눈이 내리지 않아 건조해지면 사막이 됩니다.

또 하나, 사막은 '모래로 이루어진 곳'으로 알고 있지만 자갈이나 바위로 되어 있는 곳이 더 많습니다. 사하라 사막의 경우 모래사막은 겨우 11%의 면적에 불과합니다.

있는 중이지."

"그런데 사막은 모래로 되어있는 거 아니에요? 여기는 자갈이나 바위가 있는 곳도 많은데요?"

"사람들은 보통 사막은 모래로만 되어 있다고 생각하지만 실제로 사막은 모래뿐 아니라 자갈이나 바위로 되어있기도 하단다. 우리가 갈 테레네 사막은 사하라 사막 중 가장 아름다운 모래 언덕으로 이루어진 곳이야. 조금만 더 가면 아름다운 모래사막을 볼 수 있을 거야."

그 순간 갑자기 비행기가 재채기하는 소리를 내며 부르르 떨리기 시작했다.

"이런, 큰일이군! 모두들 낙하산 메고 있죠?"

룸바룸바룸 기장은 하얗게 질린 얼굴로 소리쳤다.

"왜요? 무슨 일인데요?"

"저~ 기름이 새는 뎁쇼. 아무래도 독수리호를 버려야 할 것 같은 뎁쇼!"

"헉, 말도 안 돼!! 사막 한가운데 내려서 어떻게 하려고요!"

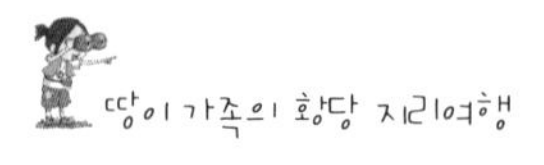

모래사막

암석사막

땅이는 대장을 만나지도 못하고 이대로 죽는다는 생각에 울음을 터뜨렸다.

"꼬마야! 울지 말고 어서 정신 차리렴! 이대로 떨어지면 진짜 죽고 말아. 비행기에서 뛰어 내려서 낙하산 양 옆에 달린 줄을 힘껏 잡아당기면 됩니다. 내가 먼저 시범을 보일게요. 자, 이렇게 하면 되요! 저 아래서 봅시다! 얼른 뛰어 내려요!"

"기장님, 이렇게 가버리시면 어떻게 해요!"

땅이 가족이 목이 터져라 기장을 불러댔지만, 기장은 산처럼 큰 덩치를 날려 하늘 저 아래로 사라져버렸다.

"우와~ 진짜 빨리 떨어진다. 재미있겠다! 엄마, 우리 얼른 뛰어요!"

비행기가 추락하는 이 순간에 재미라니. 정말 하늘 오빠는 못 말린다니까.

"하늘아! 잘 들어! 하늘이는 오빠니까 땅이를 잘 돌보아야 해. 알았지? 땅이는 있는 힘껏 줄을 잡아당겨야 한다. 알았지?"

"엄마는요?"

"엄마는 짐칸에서 짐을 가지고 따라갈게. 곧 따라갈 테니 하늘이와 땅이는 절대 헤어지면 안 된다. 그리고 엄마가 늘 말했지? 길을 잃었을 때는 어떻게 하라고?"

"그 자리에 가만히 있는다!"

하늘이와 땅이는 귀에 못이 박히도록 들은 말이라 재빨리 대답했다.

"그래, 그래야지 엄마가 너희를 찾아갈 수 있지. 자, 어서 비행기에서 뛰어내려!"

하늘이는 엄마에게서 떨어지려 하지 않는 땅이를 간신히 떼어내 함께 비행기 밖으로 뛰어내렸다.

"엄마~! 아빠~!"

땅이는 몸이 정신없이 곤두박질치기 시작하자 소리만 질러댔다. 하늘이도 기절할 것 같았지만 땅이를 놓치면 안 된다는 생각에 정신을 바짝 차렸다.

"땅이야, 어서 줄을 잡아당겨!"

바람이 어찌나 센지 말하는 것조차 힘들었다. 땅이는 하늘이의 외침에 겨우 정신을 차리고 있는 힘껏 줄을 잡아당겼다. 그러자 낙하산이 펼쳐지면서 몸이 위로 확 당겨지더니 낙하 속도가 줄었다.

낙하산을 펼치고 나자 마치 하늘을 나는 기분이었다. 발 아래로 아름다운 사막이 펼쳐져 있고, 구름 한 점 없는 맑은 하늘에 가슴까지 시원해졌다.

"와, 경비행기에 낙하산까지 오늘 완전 스펙터클한데! 으하하하, 대장 만나면 자랑해야지!"

"오빠! 엄마는? 엄마가 안보여!"

정말이었다. 맑은 하늘 어느 곳에도 엄마의 낙하산이 보이지 않았다.

사막에서 보낸 하룻밤

"너희들 여기 있었구나!"

하늘이와 땅이가 더 이상 울 수 없을 만큼 지쳐있을 때였다. 땅이 가족을 버려두고 먼저 뛰어내렸던 사하라의 독수리호 기장 룸바룸바룸 씨가 나타났다. 새까맣고 커다란 기장의 얼굴이 어쩌나

반갑던지, 조금 전의 원망 같은 건 까맣게 잊어버리고 환호성을 질렀다.

“룸바룸바룸 아저씨! 우리 엄마는요? 엄마 못 보셨어요?”

“엥? 너희랑 같이 있었던 거 아니냐? 이거 낭패구나.”

하늘이와 땅이는 다시 울상이 되었다.

“그래서 너희들 지금까지 이런 땡볕 아래 앉아 있었던 거냐? 큰일 날 애들이군. 자, 일어나서 낙하산으로 텐트를 만들어라.”

안 그래도 힘들어 죽겠는데 이래라 저래라 하는 게 마음에 들지 않아 땅이는 금새 뾰롱통한 표정을 지었지만, 하늘이는 기장을 따라 열심히 텐트를 지었다.

“엄마를 찾으러 가야지 왜 텐트를 지어요!”

“엄마가 그 자리에 가만히 있으라고 했잖아.”

“하늘이 말이 맞다. 나한테 있는 물 두 병과 음식 조금을 가지고 엄마를 찾아 움직이는 건 어리석은 짓이야. 차라리 여기서 우리를 찾으러 올 수색대나 지나가는 상인들을 기다리는 편이 낫지.”

“상인들이요?”

“그래, 상인들. 캐러밴이라고 들어봤니?”

“네, 저 알아요! 낙타에 짐을 싣고 무리를 지어 사막을 지나는 상인들 말이죠?”

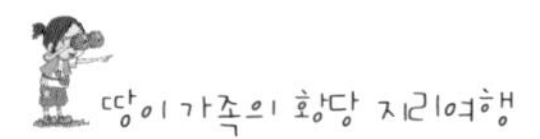

오랜만에 아는 척할 게 생기자 땅이는 금세 기분이 상쾌해지는 것 같았다.

"그래. 그 캐러밴들 말이지."

"우와! 그럼 낙타를 직접 볼 수도 있겠네요?"

"그래, 그러니까 이 텐트 안에서 기다려보자. 너희들 피부가 벌써 빨갛게 익었다. 밤이 되면 무척 따가울 텐데. 쯧쯧."

룸바룸바룸 아저씨의 말을 듣고 보니 빨갛게 달아오른 피부가 여기 저기 따끔거리는 것 같았다. 하늘이와 땅이는 얼른 낙하산 텐트 안으로 들어갔다. 얼기설기 어설프게 지은 것이지만 그럭저럭 버틸 만했다. 그리고 기장 아저씨가 시키는 대로 남은 낙하산은 귀신놀이 하듯 뒤집어썼다.

"이제 곧 해가 지면 금방 추워질 거야. 너희는 다른 짐이 없으니 서로 꼭 붙

■사막 기후의 특징

사막에서는 일 년 강수량이 250mm를 넘지 않습니다. 특히 사하라 사막에서는 120mm 이하입니다. 우리나라의 장마철에 하루 동안 비가 300mm가 쏟아지는 것에 비하면 극히 적은 양이지요. 비의 양이 적을 뿐 아니라 언제 내릴지 전혀 예측을 못하며, 어떤 곳에서는 5~10년간 전혀 내리지 않기도 합니다. 그나마 약간의 강수량도 갑작스런 폭우로 내리고 한번 내리면 홍수가 나기도 합니다. 사막은 하늘이 맑고 식물도 없어 태양을 막아주지 못합니다. 그래서 낮에는 모래나 바위가 뜨겁게 가열되었다가 해가 지면 급격하게 식어버려 밤낮의 기온 차이가 매우 크지요. 낮에는 40℃ 이상 올라갔다가 밤에는 0℃까지 내려가기도 합니다. 또한 지표에 바람을 막아 줄 만한 것들이 없어 바람의 세기가 강하며 모래 폭풍을 일으키기도 합니다.

어서 체온을 유지하고 낙하산을 이불 삼아서 자렴."

"사막이 춥다고요? 에이, 이렇게 더운데 추워봐야 얼마나 춥겠어요!"

그래도 낙하산을 천처럼 두르니 모래바람에 따갑지도 않고 더위도 가시는 것 같았다.

"이래서 사막에 사는 사람들이 하얀 천으로 온몸을 감싸고 다니는구나. 전에는 더운데 왜 저렇게 칭칭 감고 다닐까 싶었는데."

하늘 오빠 말처럼 한결 시원해졌지만, 빨갛게 부어오른 살갗에 까끌까끌한 천이 닿자 쓰라리고 가려웠다. 하지만 천을 벗을 수도 없었다. 해가 뉘엿뉘엿 지기 시작하자, 기장 아저씨 말처럼 기온이 급격히 떨어지기 시작했기 때문이다.

"무, 무슨 날씨가 이래요? 타, 타들어갈 듯 더, 덥다가 바, 밤에는 한겨울만큼 추우니!"

온몸이 부들부들 떨리는 차가운 냉기가 몸속으로 스며들어 하늘이는 땅이를 꼭 안고 자장가를 불러주었다. 춥고 배고픈 사막의 첫 날밤은 그렇게 깊어갔다.

"얘들아, 빨리 일어나. 모래 폭풍이 몰려오고 있어!"

밤새 추위에 떠느라 새벽녘에야 겨우 잠이 든 하늘이와 땅이는 정신을 차리지 못하고 눈만 깜빡였다.

"너희들 만나고부터 되는 일이 하나도 없구나! 엎친 데 덮친 격이라고 모래 폭풍까지 만나다니."

"모래라면 지난밤에도 이미 많이 맞은 걸요. 모래 폭풍은 그거보다 더 강한가요?"

하늘이는 지금보다 더 나쁜 일이 벌어지지는 않을 거라는 약간의 희망을 가지고 물었다.

■ 모래 폭풍

사막은 무척 건조하기 때문에 조금만 바람이 일어도 모래 같은 미세한 입자가 공기 중으로 떠오릅니다. 더구나 바람이 폭풍일 경우 바람만 불어오는 것이 아니라 모래가 엄청난 속도로 몰아쳐옵니다. 중국 북서부의 건조지대(고비 사막, 타클라마칸 사막)에서는 해마다 봄철이면 무시무시한 모래 폭풍이 일어나 강한 바람과 함께 모래 먼지가 갑자기 나타나 1km 밖을 구분할 수 없게 됩니다. 이 폭풍으로 인해 수천km 떨어진 우리나라와 일본 지역에서도 누런 먼지가 공중에 퍼져 마치 안개가 낀 것 같은 황사현상을 가져옵니다. 뿐만 아니라 중국 북동부 헤이룽장성에서는 세계적인 옥토(沃土)가 모래 폭풍으로 인해 사막처럼 변해 엄청난 피해를 보기도 합니다.
사하라 사막 주변에는 매년 10~4월에 걸쳐 강한 바람과 천둥을 동반하는 뜨겁고 모래 섞인 바람이 회색의 미세한 먼지와 함께 열풍으로 불어오는데 이때에는 집안 내부에까지도 수북히 모래와 먼지가 쌓이게 됩니다. 사하라 사막에서 불어오는 이 사나운 바람을 '하마탄(Hamatan)'이라고 하는데 북동에서 남서방향으로 불며, 하마탄을 따라 이동하는 모래는 물처럼 굽이치며 움직이기 때문에 지상에서 보면 파도가 넘실대는 바다처럼 보입니다.

"얘들이 뭘 모르네. 모래 폭풍이 한번 휩쓸고 가면 모래 언덕 위치가 다 변해서 구조대도 길을 잃기 십상이야! 그리고 구조대가 도착하기도 전에 모래 속에 파묻혀서 죽어버리고 말 걸? 아이고!"

"아! 정말 사막은 지긋지긋해! 이건 악몽이야, 악몽!"

하늘 오빠 덕분에 겨우 추운 밤을 보낸 땅이는 또 다시 닥쳐올 어려운 일을 생각하니 눈물이 핑 돌았다.

"땅아 걱정마. 반드시 엄마가 우리를 구하러 오실 거야."

땅이는 자신의 손을 꽉 잡은 하늘 오빠가 믿음직스럽게 느껴졌다.

"얘들아, 내 말 잘 들으렴. 눈과 입을 가릴 수 있도록 텐트 뒤로 숨으렴. 그리고 폭풍이 본격적으로 불어오면 끊임없이 움직여야 해. 그렇게 하지 않으면 모래 속에 파묻혀 버리게 된단다. 알았지?"

룸바룸바룸씨는 손동작을 취해보이며 말했다.

"네! 눈과 입을 가리고 끊임없이 움직인다!"

하늘이와 땅이는 비장한 표정으로 대답했다.

잠시 후 기장 아저씨가 예고한 대로 엄청난 바람이 불기 시작했다. 조그만 땅이 정도는 날려버릴 수 있을 정도의 강한 바람이었다. 하늘이는 땅이가 날아가지 않도록 꼭 잡고 땅이를 안심시켰다.

"폭풍은 금방 지나갈 거야. 조금만 참아, 땅이야!"

모래가 눈과 귀, 입 심지어는 콧구멍까지 들어와 앞을 보기도 숨을 쉬기도 힘들 지경이었다. 땅이는 룸바룸바룸씨가 가르쳐준 대로 얼굴을 가리고 몸을 움직였다. 하지만 모래가 살갗이 따갑도록 온몸을 때리기 시작하자 땅이는 조금씩 정신을 잃기 시작했다. 땅이는 하늘 오빠에게 늘 자신의 투정과 심술을 다 받아주고, 또 이렇게 든든하게 지켜주어서 고맙다고 말하고 싶은데, 말이 나오지 않았다.

'하늘 오빠, 고마워…….'

"땅아, 땅이야! 정신 차려봐!"

희미하게 엄마의 목소리가 들리는 것 같았다. 하지만 눈이 너무 부셔 제대로 뜰 수가 없었다. 겨우 실눈을 떠보니 엄마의 뿔테안경이 보였다.

"어, 엄마? 다시는 못 보는 줄 알았어요!"

땅이는 갓난아기처럼 엄마 품에 파고들었다.

"그런데 여, 여기는 천국이에요?"

"얘는. 여기가 왜 천국이니? 여긴 사하라 사막이지."

"헤헤, 엄마, 땅이가 아직 해롱해롱하는 것 같은데요?"

하늘 오빠의 짓궂은 목소리도 들리는 걸 보니 천국은 아닌 게 확실하군.

"누가 해롱거린다고 그래? 동생이나 놀려먹고 못됐어!"

그 거센 모래 폭풍도 땅이의 성질머리는 꺾지 못한 모양이었다.

"이제야 심술쟁이 내 동생 땅이 같네."

"남 말 하시네. 이제야 천방지축 내 오빠 같네."

심술쟁이라고? 고맙다는 말을 하지 않길 천만다행이었다. 땅이는 다시 엄마 품에 안겼다. 그런데 이게 무슨 냄새야? 정신이 번쩍

드는 고약한 냄새에 땅이는 얼굴을 찡그렸다.

"짐을 챙겨서 뛰어내렸는데 마침 근처를 지나는 캐러밴을 만났지 뭐니. 캐러밴들을 설득해서 돌아오느라 조금 늦었어."

지독한 냄새는 캐러밴들이 타고 다니는 낙타에게서 나는 냄새였던 것이다.

"헤헤, 비행기에, 낙하산에, 낙타까지! 정말 안 타보는 게 없네요! 신난다!"

어젯밤 하늘 오빠가 보여준 늠름했던 모습은 온데간데없었다.

"여기 앗쌀라쿰 씨가 우리를 빌마 마을로 데려다 주신다는구나. 인사드리렴."

"빌마 마을이면 대장이 마지막 일기를 쓴 곳이지요? 야호! 드디어 대장을 만나러가는구나! 앗쌀라쿰 씨, 감사합니다!"

하늘이와 땅이가 인사했지

■ 캐러밴(Caravan)

아시아나 아프리카의 황무지를 오가며 물건을 팔던 상인들은 갖가지 위험이 따랐기 때문에 여러 사람이 함께 다녔습니다. 지방에 따라 조금씩 달랐지만 대체로 낙타·말·양·노새·순록 등을 운반용으로 이용하였으며 길게 띠를 이루며 다녔다고 하여 대상(隊商)이라고 부릅니다. 이들이 다니는 길목에는 여행자에게 편의를 제공하는 숙박시설이 있었는데 대상은 이곳에서 피로를 풀며 각지에서 보고 들은 것을 나누고 상품도 거래하였기 때문에 동서 문화 교류에 큰 역할을 하였습니다. 대상로 중에서 가장 유명한 길은 지중해로부터 중앙아시아의 사막지대를 지나 동아시아에 이르는 실크로드입니다. 오늘날에는 교통기관의 발달에 따라 옛날과 같은 대상은 거의 찾아볼 수 없게 되었지만 대상에 종사하던 민족으로는 아랍인·그리스인·시리아인·페르시아인·소그드인·투르크족·몽고족·한족(漢族)·유대인 등이 유명합니다.

사막의 캐러밴(Desert caravan)

만 앗쌀라쿰 씨는 통명스럽게 말했다.

"어차피 소금을 사러 가는 길이니 데려다주는 거지. 당신들을 구하려고 여기까지 온 건 아니오."

별로 친절한 사람은 아닌가 보다. 어쨌든 빌마 마을까지 데려다준다니 감지덕지이긴 하지만…….

"엄마, 캐러밴들은 원래 저렇게 천을 홀딱 뒤집어쓰고 다녀요? 눈밖에 안보여요."

■니캅이란?
이슬람 사회에서는 여자가 신체적으로 성숙하거나 결혼을 했을 때 몸과 얼굴을 가리고 다닙니다. 대개 검은 천이나 흰 천을 이용하는데 그 방법도 다양합니다. '히잡'은 머리에 쓰는 스카프로 얼굴은 드러내고 머리와 목을 가리는 형태이고, 눈 부위만 가로로 드러내고 머리와 얼굴 전체를 가리는 것은 '니캅'이라 합니다. 또한 '차도르'는 얼굴만 드러내고 전신을 천으로 감싸는 것으로 이란 등의 나라에서 많이 사용하며, 머리를 포함해 온몸을 천으로 가리면서 눈 부분만 망사로 처리해 바깥을 볼 수 있게 한 것은 '부르카'라고 합니다.

머리 위에만 천을 두른 다른 캐러밴들과 달리 눈만 빼고 온몸을 천으로 감싼 앗쌀라쿰 씨가 희한해보여 땅이는 귓속말로 엄마에게 물어보았다.

"얼굴을 가리는 것을 니캅이라고 하는데, 원래는 여자들만 하는 걸로 알고 있어. 앗쌀라쿰 씨는 좀 특이한 사람 같아. 엄마도 지금까지 앗쌀라쿰 씨 얼굴을 본 적이 없단다."

어찌되었든 땅이 가족은 캐러밴의 도움으로 편하게 낙타를 타고 오아시스 마을인 빌마 마을로 가게 되었다.

'대장, 제발 더 이상 어려운 일이 생기지 않도록 대장이 도와주세요.'

땅이는 마음속으로 간절히 기도했다.

오아시스를 만나다

"우와~~ 오아시스다!"

저 멀리 신기루처럼 야자수 숲과 마을이 보이자 하늘이가 소리를 질렀다. 오아시스란 말에 땅이는 벌써부터 가슴이 뛰었다. 대장의 일기에 따르자면 빌마 마을에서 보는 노을은 그림처럼 아름답다고 했다. 게다가 아프리카에 도착한 이후 처음으로 몸을 씻을 수 있는 것이다! 며칠 동안을 냄새 나는 낙타를 타고 모래 바람을 맞았으니 하늘이와 땅이의 몰골은 말이 아니었다. 깔끔한 현명해 여

사의 뿔테안경에도 먼지가 뽀얗게 끼었다.

마을에 들어서자 마을 사람들이 기다렸다는 듯이 캐러밴을 맞이했다. 오아시스의 사람들은 친절하고 깨끗했다. 오아시스의 한가운데 있는 호수는 그림엽서에서 나온 것처럼 아름다웠다.

"우와~ 여기는 완전 별천지 같아요. 며칠 동안 물 한 방울 없는 사막을 지나왔는데, 이곳에는 호수에 나무까지 있다니. 누군가가 마법을 부린 것 같아."

"아무리 비가 오지 않는 사막이라도 가끔씩 이렇게 물이 솟아나는 곳이 있지. 그곳에 사람들이 모여서 자연스럽게 마을을 이루게 되는 거지. 물이 풍부한 곳에서는 농사를 짓기도 해. 사막의 큰 도시들은 대부분 오아시스란다."

■오아시스(Oasis)

사막에서 물이 고여 있는 곳을 말합니다. 지하수가 저절로 솟아오르는 곳(샘 오아시스), 사막을 가로질러 흐르는 큰 하천의 주변(하천 오아시스), 높은 산에서 물이 흘러내리는 곳(산록 오아시스), 우물을 파고 지하수를 끌어올리는 곳(인공 오아시스)에는 사막이라도 물이 풍부하여 인간의 다양한 활동이 가능합니다. 일반적으로 오아시스라 하면 '샘 오아시스'를 말하는데 강한 바람으로 모래가 파여 만들어진 웅덩이나, 지대가 낮아 만들어진 웅덩이에 지하수가 솟아나와 물이 괸 것으로 넓이는 다양하답니다. 사하라 사막을 비롯한 세계 각처의 사막에 무수히 분포되어 있는데, 사막에서는 유일하게 농사를 지을 수 있고 인간의 거주가 가능한 곳이기 때문에 마을이 발달되고, 대상(隊商)들이 쉬어가는 곳이 됩니다. 사하라 사막의 시와 오아시스는 샘 오아시스의 대표적인 것이지요.

현명해 여사는 옷소매로 안경알의 먼지를 닦고 뿔테 안경을 고쳐 쓰면서 얘기했다.

"여기가 빌마 마을입니다. 숙소에서 좀 쉬고 계시면, 저녁 때 이 마을 족장님께 안내해드리겠습니다."

인사를 나눈 후로 단 한마디도 하지 않던 앗쌀라쿰 씨가 드디어 입을 열었다.

"지금 바로 만나게 해주세요. 당장이라도 애들 아빠의 소식을 물어봐야 합니다."

"흠흠, 일단 저희 상인들이 거래를 마쳐야 합니다. 조금 기다려 주십시오."

앗쌀라쿰 씨는 현명해 여사의 요구가 무척 당황스러운 모양인지 목소리가 조금 떨렸다.

"무슨 거래를 하시는데요?"

땅이가 물었다.

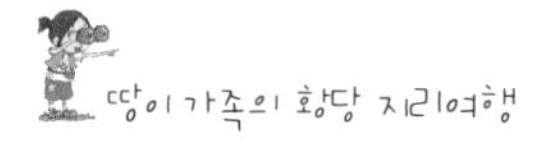

"우리가 가져온 식료품을 이 마을에서 나는 소금과 교환하는 것입니다."

"네? 이런 사막에서 어떻게 소금이 나요?"

오아시스(Oasis)

"저쪽에 있는 웅덩이를 보십시오. 이곳은 강한 햇빛 때문에 증발이 잘돼서 땅에 소금기가 많은 편입니다. 웅덩이를 파서 물을 붓기만 해도 소금물이 되고, 석 달쯤 지나면 물은 다 날아가고 소금의 결정이 생기게 됩니다. 저기 거무스름한 돌덩이 같은 것이 보이십니까? 저것이 소금을 모아 덩어리로 만든 것입니다. 그렇게 하면 낙타에 싣고 가기가 쉽기 때문입니다."

"헤헤, 그럼 아프리카의 소금은 여기 사람들 피부처럼 검은색인가?? 근데, 그러고 보니 앗쌀라쿰 씨는 피부가 하얀 거 같아요."

"아, 니캅을 오랫동안 써서 그렇습니다. 그럼 숙소에 들어가 쉬고 계십시오."

앗쌀라쿰 씨는 당황한 듯 말끝을 흐리더니 휙 사라져 버렸다.

"그러면 그날 이후로 오지랖 대장을 못 보셨다는 말씀이신가요?"

주름이 너무 많아 어디가 눈이고 입인지 구분이 가지 않는 빌마 마을 족장 할아버지는 카랑카랑한 목소리로 대답했다.

"그렇지. 그날 이후로는 코빼기도 보이지 않아. 하늘로 사라진 것처럼 갑자기 뿅 사라져버렸어."

"하늘로 사라지다니 말이 안 되지요. 앗쌀라쿰 씨도 갑자기 사라졌다고 하고. 다시 한번 마을 사람들에게 물어봐 주세요. 그러지 않으면 대사관에 연락해서 오지랖 대장의 실종이 빌마 마을의 책임이라고 신고하겠어요!"

현명해 여사는 뿔테안경을 고쳐 쓰며 또박또박 말했다. 현명해 여사의 지금 표정은 하늘이와 땅이가 숙제를 다 하지 않았을 때나 대장이 손발을 씻지 않고 잠자리에 들어올 때 짓는 표정인데, 그럴 때 웬만한 사람들은 현명해 여사의 말을 듣지 않을 수 없었다.

"흠흠, 어떤 사람들은 탄자니아의 응고롱고로 방향으로 간 것 같다고 하더군."

결국 족장 할아버지도 현명해 여사의 엄포에 백기를 들었다.

"응고롱고로는 또 어디에요?"

또다시 떠날 생각을 하니 땅이는 눈앞이 까마득해졌다.

족장 할아버지의 천막에서 나온 땅이 가족은 오아시스 앞에 주저앉았다. 엉엉 울고 싶었지만, 서로의 손을 잡고 꾹 참고 있었다. 오아시스의 하늘 저 너머로 대장이 말했던 아름다운 노을이 지고 있었다.

"엄마, 하늘이 주황색이에요. 아빠 일기에 쓰여 있는 것처럼 정말 아름다워요."

땅이는 하늘을 가리키며 말했다.

"엄마, 기운 내세요. 그래도 대장이 어디로 갔는지는 알아냈잖아요. 우리 힘내서 대장 찾으러 가요."

엄마는 자신을 위로해주는 하늘이와 땅이의 모습을 보며 다시 한번 기운을 내기로 하고 주먹을 불끈 쥐었다.

"얘들아, 내일 아침 일찍 떠나자. 웅고롱고로로!"

하늘이와 땅이도 기운차게 대답했다.

"웅고롱고로로! 아자, 아자, 가자!"

니제르
탄자니아

Chapter 3

밤바야~ 사바나의 아침

Date . 2. 2.

이제 곧 우기가 시작된다. 메마른 건기를 잘 참고 지내온 사바나의 동물들은 우기가 시작되면 더욱 활기차게 움직일 것이다. 나무들은 몰라보게 자라서 초식동물들의 먹이가 될 것이고, 수면 위로 튀어 오르는 물고기를 잡느라 새들도 바빠질 것이다. 물론, 우기가 끝나갈 때가 되면 비는 지긋지긋해지겠지만.

이렇게 건기와 우기가 명확한 날씨는 동물들에게 최악의 조건이기도 하지만, 최고의 조건이기도 하지 않을까 생각해 본다. 사람이 살기에는 적합하지 않아 이 넓은 땅이 동물들의 천국으로 남아 있는 것이 아닐까.

– 대장의 일기에서

다시 만난 룸바룸바룸 씨!

"다 왔다! 얘들아 드디어 케냐의 수도 나이로비에 도착했어!"

현명해 여사의 활기찬 목소리와 달리 지칠 대로 지친 하늘이와 땅이는 대꾸할 힘조차 없었다. 여행비용을 아끼겠다고 비행기 대신 고물 지프를 타고 일주일간 비포장도로를 달려왔던 것이다. 땅이는 차에서 내려서도 검은 비닐봉지를 손에서 내려놓지 못했다.

"엄마, 그럼 응고롱고로 마을에 거의 다 온 거에요?"

그나마 조금 기운을 차린 하늘이의 물음에 엄마는 조심스럽게 대답했다.

"음…… 그게 말이지. 응고롱고로는 차를 타고 며칠 정도 더 가야 한다는구나. 이웃 나라인 탄자니아에 있거든."

"말도 안 돼! 절대로 더 이상은 차 안 타요! 30분에 한 번씩 토하는 게 얼마나 힘든데!"

땅이는 젖 먹던 힘을 내 겨우 소리치고는 다시 비닐봉지에 얼굴을 처박고 토하기 시작했다.

"그래, 너희들한테 무리인 줄 안다. 세상에 그런 비포장도로일 줄 누가 알았겠니? 이상하게 비행기보다 가격이 너무 싸더라니. 그래서 너희를 위해 깜짝 선물을 준비했다. 짜잔!"

"꼬마 도련님, 공주님! 안녕들 하신가! 다시 만나게 돼서 반갑구나!"

우렁찬 목소리의 주인공은 다름 아닌 사하라의 독수리호 기장, 룸바룸바룸 아저씨였다.

"룸바룸바룸 아저씨! 여기는 어쩐 일이세요?"

"하하! 독수리호와 작별했으니 뭔가 새로운 일을 해야 하지 않겠니? 오늘부터 너희를 응고롱고로까지 모시고 갈 가이드가 되기로 했지! 응고롱고로까지는 아주 먼 길이지만, 세렝게티 공원을 가로질러 가면 시간도 절약되고, 동물들도 많이 구경할 수 있으

■탄자니아(Tanzania)

동아프리카 대륙 쪽의 탕가니아와 인도양의 잔지바르로 이루어진 국가입니다. 정식 명칭은 탄자니아연합공화국. 면적은 94만5087km². 인구는 약 3600만 명. 북쪽은 케냐 · 우간다, 서쪽은 르완다 · 부룬디 · 콩고민주공화국, 남쪽은 잠비아 · 말라위 · 모잠비크에 접하고 북쪽은 인도양에 접해 있지요. 수도는 다르에르살람입니다.
북부의 세렝게티 국립공원을 비롯해 응고로고로 자연보호지역, 셀루스 동물보호구 등 국토의 28%가 야생동물보호법에 의거한 동물보호대상지역으로 지정되어 있습니다.

니 지루하지는 않을 거다."

하늘이는 동물이라는 말에 눈이 반짝반짝 빛났다.

"우와! 동물들을 구경해요? 그럼 코끼리랑 얼룩말도 볼 수 있는 거예요?"

"그것뿐이냐! 사자랑 호랑이, 하이에나 같은 온갖 맹수들도 볼 수 있다고! 자자! 짐들을 어서 차로 실으실깝쇼?"

룸바룸바룸 씨와 하늘이는 지프에 짐을 싣는다고 부산을 떨었다. 그나마 지프는 독수리호보다 상태가 나아보였다. 땅이가 엄마에게 속삭였다.

"엄마, 저 아저씨는 비행기에서 우리를 버리고 갔던 사람이라고요!"

"하지만 모래 폭풍이 왔을 때 너희들을 도와주지 않았니? 타지에서 믿을 만한 사람 만나기가 얼마나 어려운지 아니? 게다가 가격도 아주 저렴하게 해준다고 했단다. 좋은 사람이 확실해."

'싼 게 비지떡' 이란 말은 현명해 어사에게는 안 통했다. 싼 건 언제나 좋은 거였다.

"꼬마 도련님과 공주님, 테스트 한번 해볼까? 너희들 사바나가 무엇인 줄 아니?"

"우리를 뭐로 보시는 거예요! '사바나의 아침' 이 얼마나 유명했는데! '밤바야~' 하고 외치는 사바나 족장 진짜 웃겨요!"

"바보. 사바나는 부족 이름이 아니라 이 지역의 기후를 말하는 거야."

"공주님이 제대로 알고 있네. 근데 '사바나의 아침' 이 뭐냐?"

룸바룸바룸 아저씨의 질문에 하늘이가 자리를 박차고 일어나 '밤바야~' 를 외치며 족장의 행동을 흉내 내서 아저씨와 엄마를 웃게 만들었다. 하늘이는 사람들 웃기는 것 만큼은 땅이보다 잘할 자신이 있었다. '우가자가 우가자가 밤바야~!' 를 외치는 하늘이를 보며 땅이도 웃지 않을 수

■ 사바나(Savanna)

열대우림 기후 주변에서 나타나는 기후를 말합니다. 일 년에 반은 맑은 날이 대부분이고 반은 비가 오기 때문에 건기(건조한 기간)와 우기(비가 오는 기간)가 뚜렷한 기후라고 말하죠. 지역에 따라 차이가 있지만 북반구에서는 보통 3월에서 8월까지가 우기이고, 9월에서 다음 해 2월까지가 건기입니다.
이런 기후에서는 오랫동안 건기이기 때문에 숲을 이룰 만큼 나무가 자라지 못하고 가뭄에 견딜 수 있는 키가 작은 나무들이 드문드문 자라 사방이 확 트여 있는 것이 특징입니다. 그 나무들 사이는 키가 큰 풀이 꽉 들어차 있습니다. 그래서 사바나라는 말 속에는 기후를 뜻하는 것과 이런 특이한 식물 집단을 뜻하는 것 두 가지가 다 들어 있습니다.

없었다.

"동물의 천국이라더니 아무것도 안 보이네 뭐. 에이 재미없어!"

세렝게티 국립공원 팻말을 지난 지 두 시간도 넘었는데 동물은 한 마리도 보지 못하고 끝없는 초원만 달리고 있다니……. 성질 급한 하늘이는 지루해졌다.

"하하! 그러게 동물들이 다 어디 갔지? 오늘 운동회라도 하나?"

룸바룸바룸 씨의 궁색한 변명이 도무지 믿음이 가지 않아 코웃음을 쳤다.

"하늘아, 세렝게티 국립공원은 제주도의 8배나 되는 엄청 큰 공원이야. 어딘가에 동물들이 있겠지. 룸바룸바룸 씨가 잘 안내해 줄 거야."

룸바룸바룸 씨에게 버릇없이 구는 하늘이에게 주의를

■세렝게티 국립공원
(Serengeti National Park)

탄자니아에는 자연의 모습을 그대로 간직한 국립공원이 여러 개 있습니다. 그 중에서 유명한 곳이 탄자니아 북부에 있는 웅고롱고로, 세렝게티, 타랑기레 등 입니다.
세렝게티 대평원은 연평균 강수량 800mm 미만의 사바나 초원 지대에 위치하고 있습니다. 국립공원으로 지정된 면적만 14,760km². 제주도의 약 8배 정도의 크기입니다.
세렝게티 대평원은 누와 얼룩말, 톰슨가젤과 그랜트 영양, 워터벅, 쿠두 등의 초식동물들로 가득 차 있습니다. 이 광활한 대평원이 이들에게 충분한 먹을거리를 제공해 줄 수 있기 때문이죠. 수십, 수백만 마리의 동물에게 먹을 것을 제공하는 세렝게티 평원. 이들 초식동물들에게 먹이를 제공해 주려면 얼마나 넓어야 할지 상상해 봅시다. 초식동물이 늘어나면 덩달아 행복해 지는 것들이 있으니 바로 이들을 먹이로 삼는 사자, 표범, 치타, 하이에나 등 생태계 먹이사슬의 꼭대기에 있는 육식동물들입니다. 그래서 세렝게티 국립공원은 그야말로 동물의 왕국이죠.

주기 위해 현 명해 여사가 나섰다.

"모두들 조용! 저기 보십쇼! 사자가족이 나들이를 나섰나 보네요. 저기 보이지요? 하하!"

룸바룸바룸 씨는 그것 보라는 듯이 웃으며 말했다.

"우와, 정말 사자다! 땅아, 저기 봐봐. 사자 머리 진짜 크다! ㅋㅋ"

땅이는 얼른 하늘이의 망원경을 빼앗아 룸바룸바룸 씨가 가리키는 방향을 보았다. 정말 다섯 마리의 사자가족이 나무 그늘 아래 모여

있었다.

"와, 새끼 사자도 있네? 룸바룸바룸 아저씨, 조금 더 가까이 가면 안돼요?"

땅이는 룸바룸바룸 씨에게 물었다.

"하하! 꼬마 공주님 부탁이라면 당연히 들어드리고 말굽쇼. 하지만 사자는 맹수 중의 맹수거든. 절대로 사자를 흥분하게 하면 안 돼요. 알겠죠?"

세렝게티 국립공원

"네~~~!"

하늘이와 땅이는 사자를 가까이에서 본다는 생각에 신이 나서 대답했다.

그날 오후 땅이네 가족은 얼룩말 무리가 사자를 피해 도망치는 모습, 코끼리 떼가 물가에서 한가로이 샤워하는 모습, 빠르게 달리기로 유명한 톰슨가젤이 초원을 전력 질주하는 모습도 보았다.

그야말로 살아있는 동물원이었다.

"저기 저 동물을 보십쇼. 어디서 많이 본 듯하죠?"

"아! '미녀와 야수' 에 나오는 야수처럼 생겼어요!"

땅이는 손뼉을 치며 좋아했다. '미녀와 야수' 는 땅이가 제일 좋아하는 만화영화였다.

"맞다. 그러고 보니 그 못생긴 야수처럼 생겼네. 그럼 저 동물이 야수에요?"

야수처럼 보이는 동물의 몸집은 작은 소만하고 온몸이 짙은 회색에 얼굴은 말처럼 길

■코끼리

코끼리는 30~40마리가 집단을 이루어서 생활합니다. 먹이는 나뭇잎이나 나무껍질 또는 풀이며, 하루 400kg이 넘는 많은 양을 먹는다고 해요. 먹이를 먹을 때에는 땅콩 크기의 작은 것이라도 코끝으로 집어 올려 입으로 옮겨 먹으며, 물을 마실 때에는 한 번에 약 5.7ℓ의 물을 콧속으로 빨아올려서 입으로 보낸답니다. 하루에 그렇게 많은 양의 먹이를 먹으니 배설물의 양도 엄청나겠지요?

아프리카 코끼리

누(gnu)

었다. 양처럼 하얀 수염이 나 있고, 뿔소처럼 머리에 뿔도 달려 있었는데, 몸통에 비해 머리가 몹시 커서 전체적으로 불안정해 보이는 모습이었다.

"'누' 라고 하는 동물인데, 디즈니에서 야수 캐릭터를 만들 때 저 동물을 이용했을 뿐 야수는 아니지. 하지만 생김새는 정말 야수처럼 생기지 않았니?"

룸바룸바룸 아저씨의 설명에 하늘이와 땅이는 고개를 끄덕였다.

■ '미녀와 야수'의 주인공, 누(gnu)

이 동물은 아프리카어로 '누'라고 부르는 동물인데, '미녀와 야수'라는 만화영화를 만들 때 모델이 돼서 유명해진 동물이지요.
영어로는 '와일드 비스트(Wild beast)', 그래서 '미녀와 야수(Beauty and the Beast)'가 탄생하게 되었답니다.

"자, 오늘 밤은 이곳에서 텐트를 치고 야영을 하면 되겠는뎁쇼."

초원의 하늘이 주황색으로 아름답게 물들어가자 룸바룸바룸 씨가 차를 세우고 말했다.

"우와! 초원에서 야영하는 거예요? 재미있겠다!"

초등학생 때 보이스카우트 조장을 했던 경험이 있는 하늘이는 야영이란 말에 흥분했다.

"근처에 사자나 표범 같은 맹수는 없어요? 이런 초원에서 야영은 위험하지 않은가요?"

"하하! 우리 공주님 그게 걱정이 돼요? 여기는 동물들의 천국이니까, 당연히 사자도 어딘가에 있겠지. 하지만, 우리가 그들 영역을 침범하지 않으면 서로 부딪칠 일 없이 지낼 수 있어요."

사자가 있다는 말에 땅이는 사색이 되어 다시 차 안으로 뛰어들어갔다.

"땅아, 룸바룸바룸 아저씨가 지켜줄 테니까 걱정하지 말고 이리 나와서 텐트 치는 것 좀 도와주렴."

엄마의 부름에도 땅이는 차 안에서 꼼짝하지 않았다. 얼마나 그렇게 있었는지 어느새 바깥이 어두워졌다.

"킁킁! 이게 무슨 냄새지?"

고소한 냄새가 차 안으로 흘러 들어왔다. 밖을 내다보니 텐트 옆에 모닥불을 피워놓고 모두들 저녁을 준비하고 있었다. 소시지를 꼬챙이에 꽂아 굽고, 빵을 데우고, 계란후라이를 하고 난리 법석이었다. 배에서는 꼬르륵 소리가 천둥소리처럼 울렸지만 땅이는 절대 나가지 않기로 다짐했다.

"땅아, 나와서 저녁 먹어. 맛있는 거 엄청 많아!"

"싫어! 야행성 맹수들이 얼마나 많은데. 그렇게 냄새를 피우다가 맹수들한테 공격받아도 난 몰라!"

"아까는 룸바룸바룸 아저씨가 너 놀려주려고 그랬던 거야. 여기는 맹수들이 잘 안다니는 길목이래. 안전하니까 어서 나와. 오빠가 너 주려고 소시지까지 맛있게 구워놨단 말이야."

"오빠가 이렇게까지 부탁을 하니 나가주지 뭐."

땅이는 새침한 표정으로 차 문을 열고 텐트로 갔다. 임시 식탁에는 그야말로 진수성찬이 차려져 있었다.

"일하지 않은 사람은 먹지도 않는 법이야."

현명해 여사는 오랜만에 뿔테안경을 고쳐 쓰며 땅이에게 말했다.

"엄마, 땅이는 저와 같이 설거지하기로 했어요! 우리 얼른 저녁 먹어요. 배고파요!"

하늘이 오빠 덕분에 땅이는 더 이상 엄마한테 혼나지 않고 맛있는 저녁을 먹을 수 있었다.

모닥불에 구워먹는 소시지는 그야말로 꿀맛이었다. 다들 간만에 포식하고 기분이 좋아져서 밤늦게까지 노래 부르고 춤도 추며 즐거운 시간을 보냈다. 모닥불에서 조금만 멀어져도 새까만 어둠이 깔려 있는 야생의 들판이라는 사실은 모두들 까맣게 잊어버리고 있었다.

"어머, 이게 무슨 일이야! 하늘이, 땅이! 당장 나오지 못해?"

침낭 속에서 늘어지게 자고 있던 하늘이와 땅이는 엄마의 호통소리에 놀라 눈을 비비며 일어났다.

"엄마, 무슨 일이에요?"

"분명히 설거지 끝내고 자라고 했지? 너희들이 제대로 치우지 않아서 캠프장이 엉망이 됐잖아!"

텐트 밖 상황은 그야말로 난장판이었다. 음식 냄새를 맡은 동물들이 식탁과 모닥불 주변을 엉망으로 만들어 놓고, 아이스박스에 남아 있던 식재료까지 싹 쓸어가 버린 것이었다.

"하지만 여기는 맹수들이

■사파리(safari)
야생 동물을 놓아 기르는 자연 공원에 자동차를 타고 다니며 차 안에서 구경하는 일을 말합니다. 원래는 스와힐리 어의 '여행'이라는 뜻으로, 사냥을 위해 사냥감을 찾아 원정하는 일을 이르던 말이지요.

잘 안 다니는 길이라고 룸바룸바룸 아저씨가 그랬는데……."

하늘이는 우물쭈물 말을 잇지 못했다.

"그래서 지금 잘못한 게 없다는 거니? 동물들이 음식물만 해치웠으니 다행이지 텐트를 공격했어봐. 우리 모두 위험에 빠졌을 거라고!"

현명해 여사는 뿔테안경을 만지작거리며 말했다. 굉장히 화가 나신 게 분명했다.

"죄송해요, 엄마. 어젯밤에 하늘이 오빠가 치우고 자자고 했는데 제가 아침에 치우자고 했어요. 제 잘못이에요."

땅이의 대답에 현명해 여사와 하늘이 그리고 룸바룸바룸 씨까지 모두 놀랐다. 늘 불평만 하고 투정 부리던 땅이가 먼저 잘못했다고 말하다니!!!!

"하하! 다치지 않은 게 천만다행이고말굽쇼. 공주님도 이렇게 잘못했다고 말하고, 다친 사람도 없으니 이제 그만 떠나죠. 소시지 맛을 본 동물들이 언제 또 들이닥칠지 모르니."

룸바룸바룸 씨는 땅이에게 윙크를 하며 말했다.

땅이는 엄마 말씀처럼 룸바룸바룸 씨가 좋은 사람일지도 모른다는 생각이 들었다.

"조금만 더 가면 응고롱고로 자연보호구라는 구나."

현명해 여사가 땅이에게 빵을 건네며 말했다. 동물들이 식료품을 다 먹어버려서 지난 며칠간 계속 빵으로 끼니를 때우고 있었다.

"죄송해요. 제가 실수하지 않았으면, 이렇게 빵만 먹지 않아도 됐을 텐데……."

"누구나 실수는 할 수 있어. 엄마는 땅이가 잘못을 인정해줘서 오히려 기분이 좋아졌는걸. 이 딱딱한 빵도 계속 먹으니까 맛있네."

엄마가 웃어주자 땅이는 그제야 마음이 편해졌다. 그날 이후 사파리 중에도 늘 엄마의 눈치를 보면서 마음이 조마조마했던 것이다.

"그런데 엄마. 여기는 어디에서도 울타리가 보이지 않아요. 이러다가 동물들이 모두 도망가 버리면 어떻게 하죠?"

"아프리카의 동물원들은 우리나라처럼 일부러 꾸며 놓은 곳이 아니야. 야생동물들이 사는 곳을 자연보호구역으로 정해 놓고, 밀렵꾼들이 밀렵을 못하게 감시만 할 뿐이지. 우리가 보는 저 동물들은 다른 곳에서 온 것들이 아니라 바로 여기서 나고 자란 것들이란다. 그야말로 자연 동물원인 거지."

"아, 그렇구나."

그때 저쪽에서 하늘이가 고래고래 소리를 지르며 소란을 피웠다.

"으악~~! 독수리, 독수리가!"

독수리 한 마리가 하늘이의 빵을 낚아채 바오밥나무 쪽으로 유유히 날아가고 있었다. 독수리의 공격에 혼비백산했던 하늘이는 겨우 정신을 차리고 다시 소리치기 시작했다.

"이 나쁜 독수리노오옴!!! 이리 오지 못해! 그건 내 점심이란 말이야!"

하지만 독수리는 벌써 커다란 바오밥나무 위로 날아가 버렸다. 다른 독수리들도 먹잇감을 찾아 바오밥나무 주변을 배회하고 있었다.

"어머, 다치지 않았니? 독수리가 어지간히 먹을 게 없었나보다. 빵을 다 낚아채 가다니. 널 데려가지 않은 게 얼마나 천만다행이니."

엄마는 걱정인지 놀리는 건지 분간이 안 가게 말씀하셨다.

한편 땅이는 바오밥나무에

■바오밥나무(baobab tree)

높이 20m, 둘레 10m, 퍼진 가지 길이 10m 정도로 원줄기는 술통처럼 생긴 세계에서 가장 큰 나무 중의 하나입니다. 아프리카에서는 신성한 나무로 여겨지고 있으며, 나무 기둥에 구멍을 뚫고 사람이 살거나 시체를 매장하기도 한다는군요.

열매가 달려 있는 모양이 쥐가 달린 것같이 보여 '죽은쥐나무(dead rat tree)'라고도 합니다.

우리들에게는 『어린 왕자』로 많이 알려졌지요. 어린 왕자가 별을 다 삼키려는 바오밥나무의 새싹 뿌리를 매일매일 캐내느라 고생하는 장면, 기억나세요?

소설 『어린 왕자』에 나오는 바오밥나무

정신이 팔려 있었다.

"바오밥나무는 아무리 봐도 정말 신기해요."

"그렇지? 이곳에는 아주 오래전에 악마가 바오밥나무를 뿌리째 뽑아서 거꾸로 박았다는 전설이 있단다. 그나저나 우리도 점심을 빼앗기기 전에 빨리 먹어치우자."

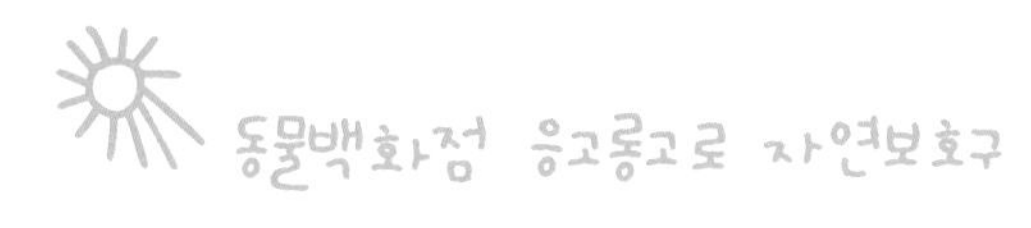

"우와, 정말 크다! 이게 정말 분화구예요? 이렇게 커다란 화산이 터졌으면 아프리카가 통째로 화산재에 덮였겠는걸요."

응고롱고로 자연보호구가 한 눈에 보이는 정상에 올라서자 하늘이와 땅이는 입을 쩍 벌어져 다물지를 못했다. 한라산 정상에 있는 백록담에 가본 적이 있는데, 응고롱고로는 백록담보다 열 배는 더 커 보였다.

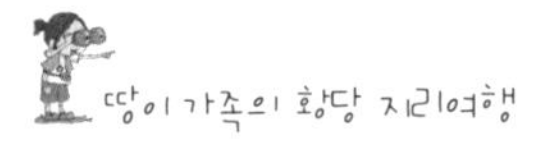

"오는 길에 봤던 킬리만자로산 기억하지?"

"그럼요. 칼이만자루산!"

별로 재미없는 농담인데 하늘이 오빠는 자신이 붙인 이름이 맘에 드는지 계속 킬리만자로산을 칼이 만자루 산이라고 부르며 즐거워했다. 하여간 수준 낮기는.

■킬리만자로산(Kilimanjaro Mt.)

킬리만자로는 아프리카 대륙의 가장 높은 봉우리(해발 5,895m)일 뿐만 아니라, 사시사철 더운 곳으로 알려진 아프리카에서 만년설이 있는 유일한 산이라는 점이 사람들의 관심을 끌고 있습니다.

산의 아래는 기온이 높지만 꼭대기는 기온이 낮아서 일년내내 눈이 쌓여 있답니다. 그런 눈은 좀처럼 녹는 법이 없어서 만년설이라고 부릅니다.

우리나라에서는 조용필이라는 가수가 '킬리만자로의 표범'이라는 가요를 불러 널리 알려져 있는 산입니다.

"여기 응고롱고로도 원래는 킬리만자로 정도의 큰 산이었다고 해. 그런데 화산이 폭발하면서 거대한 화산구만 남은 거지. 하늘이 말대로 정말 엄청난 폭발이었겠지? 그런 분화구에 이제는 이렇게 초록빛 생명들이 살아간다는 게 정말이지 신비한 일이야."

응고롱고로의 분화구 안쪽으로는 새파란 풀들이 비단결처럼 깔려 있고, 듬성듬성 나무들도 보였다. 자세히 보니 자연보호구 안에서 평화롭고 자유롭게 살아가는 동물들이 마치 조그만 벌레처럼 꼬물꼬물 움직이고 있었다.

룸바룸바룸 아저씨가 이끄는 대로 응고롱고로 분화구 안으로 내

■응고롱고로 자연보호구
(Ngorongoro Conservation Area)
응고롱고로는 마사이 족의 말로 '큰 구멍'을 뜻한다고 합니다. 또 어떤 사람은 이 말이 마사이 족이 키우는 소의 방울 소리를 흉내 낸 말일지도 모른다고도 해요. 어쨌든 응고롱고로는 마사이 족의 사유지이기 때문에 국립공원이 되지 못하고 자연보호구가 되었다고 합니다.
동물백화점 응고롱고로 자연보호구는 남북 16km, 동서 19km, 깊이가 600m나 되는 대형 분화구입니다. 거기에는 온갖 동물과 식물들이 살고 있죠. 원래는 킬리만자로산보다 더 높은 산이었는데 화산 활동으로 이렇게 큰 분화구가 만들어 졌다고 합니다.
응고롱고로 안에 있는 호수는 칼데라 호수이며(백두산의 천지와 같이 분화구에 생긴 호수), 이곳은 아무리 혹독한 건기라도 언제나 물이 고여 있어서 사람들은 이곳을 '동물들의 에덴동산'이라고도 부른답니다.
여기에는 기린을 제외한 아프리카의 거의 대부분의 동물들이 살고 있습니다. 그래서 '동물백화점'이라는 별명을 가지게 되었지요.

려가는 길이었다. 마침 소와 양 떼를 몰고 지나가던 마사이 족을 만났는데, 땅이네 일행을 보자마자 다짜고짜 침을 뱉는 게 아닌가!

"엄마, 저 사람들이 우리한테 침을 뱉어요. 더러워!"

하늘이와 땅이, 현명해 여사는 자신에게 침이 튈까봐 요리조리 피하는 데 룸바룸바룸 아저씨는 같이 침을 뱉으며 호탕하게 웃었다.

"하하! 침을 뱉는 건 여기 마사이 족 사람들 특유의 인사법인뎁쇼!"

"생각해보니 전에 마사이 족의 특이한 인사법에 대해서 들은 것도 같구나. 물이 귀한 아프리카에서는 수분을 함께 나누는 게 특별한 인사라고 생각했다고 말이지."

현명해 여사는 뿔테안경을 매만지며 기억을 더듬었다.

"우와! 진짜 침 뱉는 게 인사예요? 재미있네!"

그때부터 하늘이는 만나는 사람마다 인사랍시고 퉤! 퉤! 침을 뱉어댔다. 긴 작대기를 들고 붉은 체크무늬의 전통의상을 입은 마사이 족 원주민들은 하늘이의 인사에 답례의 의미로 침을 뱉어댔다. 결국 현명해 여사가 나서서 하늘이가 더 이상 인사를 못하게 말려야했다.

응고롱고로 자연보호구

"여기는 마사이 족밖에는 안 살아요?"

관광객을 제외하면 대부분 붉은 체크무늬의 전통의상을 입은 원

마사이 족

주민뿐이라 땅이가 물었다.

"여기 응고롱고로가 원래 마사이 족의 땅이었으니깝쇼. 마사이 족은 이곳에서 목축을 하면서 살아왔어요. 농사를 짓지 않으니 먹을 거라곤 소나 양의 젖뿐이어서, 이곳에서는 소가 많은 사람이 부자였지요."

"엥? 우유밖에 먹을 게 없다고요? 지금까지 빵만 먹다가 여기 오면 더 맛있는 걸 먹을 수 있을 것이라고 기대했는데!"

점심조차 독수리에 빼앗긴 하늘이는 먹을 게 우유뿐이라는 룸바룸바룸 아저씨의 말에 실망했다.

"어쩌지…… 여기서는 아침에도 우유, 점심에도 우유, 저녁에도 우유뿐인 걸. 대신 뼈는 튼튼해질 테니 너무 억울해하지는 말라구! 하하!"

■마사이 족(Masai)

소는 이들의 생활에서 빼놓을 수 없어요. 마사이 족은 목축을 주로 하는 부족이기 때문에 언제나 식량이 부족합니다. 그래서 이들의 주식은 우유라고 할 수 있지요. 아침, 점심, 저녁을 거의 우유로 배를 채우죠. 사람들이 굉장히 날씬하죠? 그렇지만 뼈가 엄청나게 튼튼해서 달리는 자동차에 부딪혀도 마사이 족은 절대로 뼈가 부러지지 않는다고 합니다.

듣고 보니 마사이 족은 우유를 많이 먹어서 그런지 깡마르긴 했지만 키가 무척

켰다.

"어머, 잘됐다! 우리 땅이는 우유를 싫어했는데, 여기서 많이 먹으면 되겠네!"

엄마는 땅이가 우유 마실 생각을 하니 기분이 좋아졌고, 반대로 땅이는 울상이 되었다.

"마사이 족은 살아가는 데 필요한 모든 것을 소에서 얻는다니깝쇼. 저 집들도 전부 소들이 지은 집이죠."

마사이 족의 마을인 보마스로 들어서자 룸바룸바룸 아저씨는 마사이 족 전통가옥을 가리키며 말했다.

"소가 어떻게 집을 지어요? 여기 소들이 그렇게 똑똑한가요?"

"하하! 그런 게 아니라 소에서 나온 걸로 지었다는 소리지. 저 집의 벽을 무엇으로 만들었는지 맞추면 오늘 저녁은 우유보다 맛있는 걸 먹게 해줄게."

하늘이와 땅이는 룸바룸바룸 아저씨의 제안에 곧장 달려가서 벽을 만져보고 냄새를 맡기도 하고, 심지어는 맛보기까지 했는데 무엇인지 알 수가 없었다. 거무튀튀한 무언가를 지푸라기와 버무려 놓은 것인데, 손톱으로 긁어보니 보드라운 가루가 일어났다.

"나는 포기할래! 소가죽도 아닌 것 같고. 도대체 무엇으로 만든 거예요?"

"하하! 바로 소똥이란다!"

"뭐라고요! 퉤 퉤!"

땅이는 손을 닦고 침을 뱉느라 부산을 떨며 룸바룸바룸 아저씨를 원망했다. 그런 건 미리 말해줬어야지, 정말!

"응고롱고로 주변으로 왔다면 묵을 곳은 여기 보마스뿐입죠."

룸바룸바룸 아저씨는 대장이 있을 곳은 마사이 족의 마을뿐이라고 자신 있게 말했다.

보마스는 전통의상을 입은 마사이 족 사람들이 전통가옥에 살면서 관광객들을 상

■소똥으로 지은 집

마사이 족의 전통가옥은 지붕을 제외하고는 모두 소똥을 이겨서 벽에 바른답니다. 소똥은 연중 30℃를 오르내리는 이 지역의 뜨거운 열기를 차단해 주고 습기도 조절해 주기 때문에 건축 재료로는 인기가 아주 그만이지요.
소는 풀만 먹기 때문에 잡식을 하는 동물에 비하면 배설물의 냄새가 그리 심하지 않습니다. 특히 마르면 거의 냄새가 없어집니다. 마사이 족 사람들은 소똥을 집 짓는데 사용하기도 하고 말려서 땔감으로도 사용한다고 하니 참 요긴하게 쓰이는 곳도 많은 소똥이네요.

대로 사진을 찍어주며 생활하는 약간의 상업적인 냄새가 풍기는 마을이었다. 땅이보다 어려보이는 아이들이 바이올린 비슷하게 생긴 악기를 연주하며 우스꽝스러운 춤을 추면서 관광객들에게 손을 내밀었다.

소똥으로 지은 집

땅이는 왠지 그 아이들에게서 소똥냄새가 나는 것 같아 엄마 곁을 떨어지지 않고 졸졸 쫓아다녔다. 반대로 하늘이는 아까 다 하지 못한 침뱉기 인사를 마사이 족 아이들과 하며 이리저리 뛰어다니기 바빴다.

"빨리 대장을 찾아야지. 하늘 오빠는 진짜 못 말린다니까!"

하지만 대장을 찾는 일은 생각처럼 쉽지 않았다. 일단은 마사이 족과 말이 통하지 않았다. 현명해 여사가 영어, 불어 심지어는 스페인어까지 동원했지만 알아듣는 마사이 족이 없었다. 룸바룸바룸씨도 마사이 어는 모른다며 난감해 했다. 마사이 족 사람들은 뭔가를 물어보려 다가가면 사진을 찍자는 줄 알고 웃기만 했다.

"대장, 어디 계신 거예요? 땅이가 왔는데 왜 보이지 않는 거예요!"

혹시 응고롱고로 방향으로 온 것이 아닌 것 아닐까? 다시 빌마 마을로 돌아가야 하나? 하지만 사하라 사막으로 또다시 돌아갈 생각을 하니 눈앞이 까마득해졌다. 엄마와 땅이는 나무 그늘에 주저앉아 버렸다.

"엄마, 땅아, 이거 보세요!! 아빠가 남기신 쪽지에요!"

마사이 족 아이들과 뛰어노느라 한참 동안 보이지 않던 하늘이가 지저분해 보이는 종지쪽지 한 장을 보물처럼 양손에 감싸 쥐고 달려왔다.

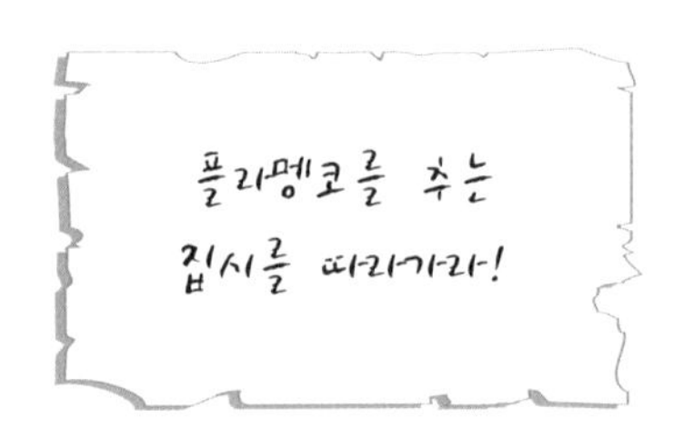

"무슨 소리니? 아빠를 만난거야? 아빠는 어디 계셔?"

"아니, 대장을 만난 게 아니라 저쪽에서 애들이랑 놀고 있는데, 내가 한국에서 왔다고 했더니 '꼬레아, 꼬레아!' 막 그러는 거예요. 그러면서 이 쪽지를 주지 뭐예요."

현명해 여사와 땅이는 급히 쪽지를 펼쳐보았다. 분명 대장의 글씨체였다. 쪽지는 흙인지 소똥인지 잔뜩 묻어 지저분하고 너덜너

덜했다.

"누가 언제 이걸 줬는지 물어봤니?"

"뭐라고 하는데 도저히 알아들을 수가 있어야지요. 고장 난 테이프처럼 '꼬레아, 꼬레아' 만 말하더라고요."

"대장이 아무래도 우리에게 힌트를 남긴 것 같구나."

현명해 여사는 뿔테안경을 만지작거리며 쪽지를 한참 동안 바라보았다. 별안간 땅이가 소리를 질렀다.

"스페인! 엄마, 스페인이에요! 집시와 플라멩코면 스페인이잖아요. 대장이 스페인으로 가고 있다는 단서를 우리에게 남긴 거예요."

"빙고! 땅이 말이 맞아. 스페인이야 말로 집시들의 고향이지. 그래, 땅이 말대로 이건 우리를 위해 대장이 남겨둔 힌트 같구나. 가자, 스페인으로!"

대장이 남겨 놓은 쪽지는 현명해 여사와 하늘이, 땅이에게 새로운 희망을 안겨주었다.

'대장, 이번에는 꼭 대장을 놓치지 않을게요!'

땅이는 마음속으로 다짐했다.

스페인
탄자니아

Chapter 4

접시 따라 삼만 리!

Date . 12 . 24 .

지금쯤 서울에는 함박눈이 펑펑 쏟아지고 있을 텐데, 스페인에서는 비가 내린다. 여름에는 건조하고 겨울에는 습한 지중해성 기후 때문이다. 분위기는 특이하지만, 크리스마스에는 역시 눈이 어울리는 것 같다. 하늘이와 땅이는 내가 보낸 선물을 받았을까?

아, 서울이 그립구나.

— 대장의 일기에서

땅이 가족이 한국을 떠난 지 벌써 두 달이 훌쩍 지났다. 새로운 곳으로 향한다는 설렘도 있었지만, 아프리카에 있는 동안 가족처럼 땅이 가족을 도와주었던 룸바룸바룸 씨와 헤어지게 되어 울고 불며 작별인사를 하느라 하늘이와 땅이는 기진맥진했다.

"아프리카만 떠나면 덜 더울까 싶었는데 스페인도 무척 덥네요."

8월에 마드리드의 햇살은 쨍쨍하다 못해 따가울 정도였다.

■ 스페인(Spain)

스페인은 면적 506,030km²에, 인구가 4,300만 명에 이르며, 수도는 마드리드입니다.
유럽의 남서쪽 이베리아 반도에 위치하며 국토의 대부분이 메세타 고원으로 되어 있습니다. 이 고원의 북쪽에는 프랑스와 경계가 되는 피레네 산맥이 솟아 있습니다.
태양이 가장 강렬한 7, 8월에는 스페인을 찾는 대부분 관광객들은 해안가로 몰립니다. 이때 마드리드의 더위는 숨이 막힐 정도이며 현지인들은 휴가를 떠날 때입니다. 북부지방의 겨울은 비가 그칠 날이 없지만, 갈리시아 벽지와 피레네 산맥에서는 눈이 내리기도 합니다.

"엄마, 이제 우리 어디로 가요? 플라멩코를 추는 집시를 따라가라니. 힌트가 너무 어려워요."

"솔직히 엄마도 잘 모르겠구나. 어쨌든 이런 상태로는 어디든 다닐 수 없으니 잠시 앉아서 생각을 해보자꾸나. 아휴, 여기 정말 덥네!"

"그런데 뭔가 이상해요! 우리 분명 다르에스살람에서 다섯 시에 비행기를 탔는데, 여기는 아직 일곱 시도 안 됐어요. 그렇게 오랫동안 비행기를 타고 왔는데, 이상하지 않아요? 우리가 시간을 거슬러 올라온 건가요?"

"땅이가 모르는 것도 다 있네. 각 지역 간에는 시차라는 게 있어. 우리가 여섯 시간을 날아왔는데 여기는 아직 일곱 시니까, 우리가 떠날 때쯤 마드리드는 오후 세 시였다는 소리지. 다르에스살람은 그 때가 다섯 시였으니까 마드리드랑 다르에스살람이랑 두 시간 정도 시간차가 나는 거야."

"딩동댕! 하늘이 말이 맞아.

■ 시차란?

지구가 360° 자전하는데 걸리는 시간은 24시간. 그러니까 1시간에 15°씩 자전을 하는 셈입니다. 따라서 편의상 경도 15°마다 1시간씩 차이가 나도록 시간을 정하는 경선을 정해두고, 세계 여러 나라는 이들 중에 자신의 나라와 가까운 것을 선택해 표준시로 정하고 있답니다. 이 때 기준은 경도가 0°인 영국입니다. 0°에서 동쪽으로 갈수록 15°마다 1시간씩 빨라지고, 서쪽으로 갈수록 15°마다 1시간씩 느려진답니다.
우리나라와 일본은 동경 135°를 시간을 정하는 경선으로 삼고 있습니다. 그러니까 0°인 런던보다 9시간이 빠르네요.

시차도 다 알고 하늘이 대단하네!"

"오~~ 오빠가 아는 것도 다 있고, 대단한 걸!"

"흠흠, 뭐 이정도 가지고! 너도 중학교에 들어가면 사회 시간에 다 배우게 될 거야."

말은 그렇게 해도 오랜만에 동생에게 한 수 가르쳐 준 것 같아 하늘이는 마음이 뿌듯해졌다.

플라멩코 집시를 만나다!

"엄마! 혹시 여기 유령도시에요? 상점들이 다 문을 닫았어요! 목이 무척 마른데."

땅이 말대로 거리가 한적한 것이 딱 유령도시라 할 만 했다. 카페, 음식점, 상점은 물론이고 백화점, 관공서까지 전부 문을 닫아 건 것이다.

"혹시 스페인에 전쟁이라도 난 게 아닐까요? 뭔가 수상해요. 맞다! 제트맨이 나타나서 다들 숨어버린 것 같아요! 그렇지 땅아?"

하늘이의 설레발에 현명해 여사는 꿀밤을 먹이고는 시계를 가리

■이유있는 낮잠, 시에스타(siesta)

스페인, 이태리, 그리스 등 라틴족의 나라에서는 기온이 45°C 이상으로 올라가는 한낮(오후 1시~3시)에 낮잠을 자는 습관이 있는데 이를 시에스타라고 합니다. 이 시간대에는 대부분의 상점이 영업을 하지 않고 관광지도 문을 닫기 때문에 이 지역을 여행할 때는 미리 시간 계획을 잘 짜야 합니다. 잘못하면 점심도 굶고 아까운 시간을 길거리에서 낭비할 수 있지요.

켰다. 땅이는 오빠를 보며 혀를 날름 내밀었다. 쌤통이다!

"우리가 시에스타 시간에 맞춰 왔구나. 스페인처럼 날씨가 더운 나라에서는 한낮에 낮잠을 자거나 휴식을 취한단다. 이렇게 더운데 무슨 일을 할 수가 있겠니? 그나저나 우리가 큰일이구나. 어디 들어가 있을 곳도 없고, 일단 그늘로 좀 피해있자."

나무 그늘이 진 거리에 주저앉아 있으니 거지가 따로 없었다. 뱃속에서는 밥 달라고 천둥번개가 치고, 목도 말라서 입술이 바짝바짝 타들어가는 것 같았다. 그나마 다행인 건 그늘에 앉아 있으니 바람이 시원하다는 점이다. 바람이 너무 선선해서 땅이는 엄마 가방에 몸을 기대고 꾸벅꾸벅 졸기 시작했다.

그때였다. 어디선가 격정적인 플라멩코 기타 소리가 들리기 시작했다. 플라멩코는 스페인의 태양처럼 카랑카랑하게 사방에 울려 퍼졌다.

'띠리링~짝! 짝! 짝! 짜가자가 짝짝! 띠리링~'

그리고 아무도 없는 햇살 눈부신 광장에 집시 커플이 플라멩코에 맞춰 정열적으로 춤을 추고 있었다. 땅이는 꿈인 것만 같아 그대로 눈을 다시 감으려다가 하늘 오빠의 목소리에 번쩍 눈을 떴다.

"엄마, 저 사람들 집시 아니에요? 춤추는 집시요!"

"이게 꿈이야 생시야? 오빠, 내 뺨 좀 꼬집어 봐. 아야!"

뺨이 사과처럼 빨개지도록 꼬집히고 나서야 땅이는 겨우 정신을 차릴 수 있었다.

믿을 수 없었다. 힌트만 가지고 도대체 어디로 가야 대장을 찾을 수 있을지 막막했는데 거짓말처럼 플라멩코를 추는 집시가 눈앞에 나타난 것이다.

닭살 집시 커플과의 동행

"세뇨라처럼 아름다운 분과 함께 여행을 할 수 있다니 오히려 제가 영광이지요! 우리는 꼬레안 좋아해요."

땅이 가족이 다가가서 스페인 여행을 하는 중인데 함께 다녀도 되겠느냐고 묻자 집시 부부는 열렬히 환영 인사를 퍼부었다. 그들은 플라멩코 공연을 하며 스페인 구석구석을 누비는 집시들인데, 길동무를 얻었다며 호들갑을 떨었다.

"저는 호세 까를롱, 이쪽은 저의 사랑스런 와이프 까르멘이지요."

까르멘 아줌마는 현명해 여사의 양 볼에 키스를 하고 하늘이와 땅이를 숨이 막히도록 껴안았다. 멀리서 볼 때는 몰랐는데 까르멘 아줌마는 굉장한 거구에 짙은 화장을 하고 있었고 향수 냄새는 100m 밖까지 진동할 정도로 진해서 혼을 쏙 빼놓았다.

"그런데 호세 까를롱 씨, 우리 어디선가 본 적 있지 않은가요?"

현명해 여사는 뿔테안경을 고쳐 쓰며 까를롱 씨의 얼굴을 자세히 들여다보았다. 그러고 보니 하늘이와 땅이도 왠지 낯익은 얼굴인 것도 같은데 도무지 기억이 나지 않았다.

"오~ 그렇지요? 신기하게 저도 여러분이 낯설지 않아요! 우리는 분명 전생에 연인이었을 거예요. 하지만 어쩌지요? 이번 생애에는 벌써 내 사랑 까르멘을 만났는 걸요! 그렇지, 달링?"

까를롱 아저씨는 갑자기 까르멘 아줌마를 끌어안고 키스를 퍼부으며 닭살 행각을 벌였다. 현명해 여사는 하늘이와 땅이의 눈을 가리며 이번 스페인 여행길이 쉽지 않겠다는 생각을 했다.

"엄마, 저 아저씨와 아줌마를 믿고 따라가도 될까요?"

땅이는 아직도 열렬히 키스 중인 까를롱와 까르멘에게 들리지 않도록 작은 목소리로 물었다.

"케 세라 세라~! 될 대로 되라지. 다른 방법이 없지 않니."

현명해 여사는 한숨을 쉬며 말했다. 이렇게 땅이 가족은 마드리드를 시작으로 세고비아, 코르도바, 바르셀로나를 거쳐 스페인 남쪽으로 향하는 까를롱 아저씨의 고물 트럭에 몸을 실었다.

세고비아의 꼬마 집시, 하늘이와 땅이!

"앗 뜨거워! 엄마, 트럭 위에 삼겹살을 올려놓으면 구워질 거 같아요!"

스페인의 햇살은 정말 대단했다. 한낮이 되자 너무 뜨거워서 차 안에 있는 것 자체가 불가능했다. 하늘이와 땅이, 현명해 여사는 까르멘 아줌마가 고물트렁크를 뒤져서 찾아준 집시 옷을 입고 있었다. 장식이 주렁주렁 달리고 헐렁한 집시 복장은 예상 외로 바람이 잘 통해서 시원했다. 햇살이 따갑기는 하지만 우리나라처럼 습기가 많지는 않아서 옷이 끈적끈적하게 달라붙지 않기 때문이었다.

“이렇게 더운데도 땀은 별로 나지 않으니까, 샤워는 자주 안 해도 되겠다.”

집에 있을 때도 목욕이라면 질색을 하던 하늘이였다.

“하여간 오빠는 지저분하고 게을러서 탈이야.”

“게으른 게 아니라, 여기는 비도 잘 안 오고 물도 부족한 나라잖아. 샤워 안 해서 좋고 물 절약도 하고, 좋은 게 좋은 거지 뭐!”

하늘 오빠의 궤변에 땅이는 그만 할 말을 잃었다.

“세뇨리따 땅, 덥지요? 이 공연만 끝나면 좀 쉬자구! 띠리링~”

까를롱 아저씨는 땅이를 ‘세뇨리따 땅’ 이라고 불렀는데, 처음에

■세고비아(Segovia)
마드리드에서 북서쪽으로 60km, 자동차로 1시간 정도를 달려가면 고풍스런 도시가 나타나는데 로마인이 이곳을 지배할 때 세운 도시입니다. 수도교와 성벽은 지금도 사용되며, 고딕풍의 대성당을 비롯하여 성채와 왕궁 등 로마시대의 건축물이 많이 남아 있어서 1985년에는 유네스코 세계문화유산으로 지정되었습니다.

는 닭살이 돋는 것 같아 싫었지만 곧 익숙해졌다. 나중에는 오히려 숙녀 대접을 받는 것 같아 은근히 기분이 좋기까지 했다.

여기는 마드리드의 교외 도시 세고비아. '로마 수도교'가 있어 관광객이 많이 찾는 도시였다. 까를롱 아저씨와 까르멘 아줌마는 스페인의 유명한 관광 명소에 자리를 잡고 플라멩코 공연을 해서 돈을 벌었다. 하늘이와 땅이는 공연이 끝날 때쯤이면 모자를 들고 구경꾼 사이를 돌아다니면서 돈을 모았다. 때로는 까를롱 아저씨의 기타 반주에 맞춰 춤을 추기도 했는데, 꼬마 집시들의 공연도 꽤 인기가 좋았다.

세고비아의 건축물

"그런데 엄마, 여기는 왜 강도 없으면서 이렇게 큰 다리가 있을까요?"

"전에는 여기에 강이 있었던 게 아닐까? 그런데 이 무지막지한 햇볕 때문에 강이 다 말라버린 걸 거야."

하늘 오빠는 꽤 그럴 듯한 추리를 늘어놓았다.

"그건 아닌데. 하늘이 혹시 학교에서 스페인의 기후에 대해서 배우지 않았니?"

"어… 그러니까……."

"스페인은 우리나라와는 반대로 여름엔 비가 거의 안 오고, 겨울에 비가 내려요."

하늘 오빠가 우물쭈물하는 사이에 땅이가 의기양양하게 말했다. 전에 책에서 읽었던 기억이 난 것이다. 그러게 자고로 책을 많이 봐야 한다니까.

하늘이는 그제야 '맞아! 맞아!' 를 연발하며 맞장구를 쳤다.

"맞다. 지중해성 기후!"

"그래. 스페인은 여름에 비가 내리지 않아 물이 참 귀하단다. 그래서 멀리 떨어진 산에서 물을 끌어오는 수로가 필요하지. 여기 이 수도

■지중해성 기후란?

유럽의 지중해 연안에서 전형적으로 나타난다고 해서 '지중해성 기후'라고 부릅니다. 우리나라와 정반대로 여름에는 비가 거의 오지 않고 겨울에 비가 내리지요. 그리고 여름에는 무척 덥지만 겨울에는 온난하여 추위를 피하는 곳으로 이용되기도 합니다.

지중해성 기후의 지역에서는 겨울에는 성장하고 여름에는 쉬면서 가뭄을 견디는 식물들이 자라는데 오렌지, 포도 같은 과일나무와 코르크, 올리브 같은 나무가 자랄 수 있습니다. 따라서 우리나라처럼 산에 나무가 우거진 모습은 볼 수 없고 듬성듬성 작은 나무가 자라거나 나무가 별로 없는 민둥산을 보게 됩니다.

이러한 기후는 유럽의 지중해 연안, 북아메리카의 캘리포니아 주, 남아메리카의 칠레 중부, 남아프리카공화국 연안, 오스트레일리아 남부에서도 나타납니다.

세고비아의 수도교

교는 로마인이 스페인을 지배하던 시절에 지은 수로란다."

"우와 그렇게 오래 전에 이렇게 큰 다리를 짓다니 정말 대단해요!"

"띠리링~ 크기뿐만이 아니야. 저 커다란 수로에는 어떤 접착제도 사용하지 않았단다. 지금까지 세고비아의 물 공급을 담당할 정도로 튼튼하게 지었었으니 스페인의 명물이라고 자랑 할 만하지. 그나저나 공연도 끝나 가는데 우리 꼬마 집시들, 손님들께 모자 보따리를 풀어야지? 띠리링~ 띠리링~짝! 짝! 짝! 짜가자가 짝짝! 띠리링~"

어느새 공연을 끝내고 온 까를롱 씨의 말에 하늘이와 땅이는 모자를 들고 허겁지겁 구경꾼들 사이로 뛰어갔다.

■세고비아의 수도교(水道橋, aqueduct)

수도교는 세고비아시(市)를 상징하는 건축물로 119개의 아치로 만들어진 길이 728m의 긴 수로입니다. 기원전 1세기 후반부터 2세기경에 로마인에 의해 만들어졌는데 화강암을 잘라내서 벽돌로 만들어 접착제도 사용하지 않고 보기 좋게 쌓아 올린 기술이 감탄을 자아내지요.
비스듬히 옆에서 보면 한없이 이어져있는 듯 착각이 드는 그 모습은 무척이나 아름다워 관광객이 끊이지 않으며 지금까지 세고비아의 수로로 사용되고 있을 정도로 튼튼하게 지어진 유적입니다.

"세뇨라~ 둘이 먹다 하나가 죽어도 모르는 스페인산 오렌지 한 번 맛보시겠어요?"

까를롱 씨는 현명해 여사를 세뇨라라고 불렀다. 스페인어로 세뇨라는 결혼한 부인을, 세뇨리따는 아가씨를 말한다고 한다. 현명해 여사도 세뇨라라고 자신을 부르는 까를롱 씨의 느끼한 목소리가 그리 나쁘지 않은지 웃으면서 오렌지를 받아들었다.

"어머! 오렌지가 정말 맛있네요! 지중해 과일이 유명한 거야 알았지만, 어쩜 이렇게 과즙이 많고 달콤할까!"

하늘이와 땅이도 앞다투어 오렌지를 먹어 보고는 더 달라고 아우성이다. 그늘에 있으면 에어컨도 필요 없을 정도로 선선했지만, 워낙 습도가 낮아서 목이 따끔거렸던 것이다.

"우와, 환상적이다! 너무너무 맛있어요! '새콤달콤' 이라는 게 바로 이런 거구나! 서울에

■지중해 지역 과일이 맛있는 이유

'캘리포니아 오렌지~~~' 광고 노래, 프랑스 하면 떠오르는 최고급 포도주, 수입 농산물 중 칠레의 포도가 문제가 된 사건 등을 기억해봅시다. 이 세 지역의 공통점은 모두 지중해성 기후가 나타난다는 것입니다. 이처럼 지중해성 기후는 여름의 풍부한 태양과 건조함을 이용해 최고의 맛을 자랑합니다. 여러분은 우리나라 장마철에 과일값이 떨어지고 맛이 없다는 것을 알고 있나요? 왜 그럴까요? 과일의 당도는 건조한 곳이 습윤한 곳보다 훨씬 높기 때문입니다. 그래서 이곳의 과일은 새콤달콤한 과일 특유의 맛을 잘 간직하고 있답니다.

새콤달콤 맛있는 지중해 과일

서 먹은 오렌지와는 맛이 비교가 안 돼요!"

"띠리링~ 지중해의 과일은 세계 최고라고! 지중해의 과일은 태양이 선사한 가장 달콤한 선물이지. 플라멩코는 그런 태양의 열정을 담은 음악이란다. 어쩌고저쩌고……."

까르롱 씨는 플라멩코에 대해 일장연설을 늘어놓았지만, 하늘이와 땅이는 달콤한 오렌지 향에 취해 듣는 둥 마는 둥 했다.

"다음 목적지는 어디에요?"

오렌지 한 바구니를 다 먹어치우고 나서 하늘이와 땅이는 바깥 풍경을 보며 물었다. 까르롱 아저씨는 하늘이와 땅이가 자신의 얘기를 들어주지 않아서 삐졌는지 대답을 해주지 않았다. 까르멘 아줌마가 사람 좋은 웃음을 지으며 말했다.

"우리는 지금 코르도바로 가고 있단다. 스페인 속 이슬람 왕국이지. 거기에 가면 한번에 2만 명도 거뜬히 들어갈 수 있는 거대한 이슬람 사원을 볼 수 있단다. 물론 우리 공연을 구경할 관광객도 많지! 호호."

"이슬람 사원이요? 그건 중동 같은 곳에 있는 거 아니에요? 유럽에서 이슬람 사원을 볼 수 있다니 신기해요."

유럽은 기독교 나라라고만 생각했는데, 이슬람 사원이 있다니 땅이는 앞으로 책을 더 열심히 읽어야겠다고 생각했다.

코르도바를 향해 가는 길은 길고 지루했다. 고속기차로 달리면 1시간 반이면 가는 거리라고 했는데, 고물 트럭으로 가자니 가도 가도 끝이 없는 듯했다.

"여기는 산도 없고, 나무도 없고, 볼거리가 하나도 없네요. 아~ 지루해."

"우리가 지금 지나는 곳은 메세타 고원이란다. 그래서 높은 산은 보이지 않고 대체로 평탄한 풍경이 펼쳐지는 거야."

현명해 여사는 뿔테안경을 고쳐 쓰며 말했다.

"고원에서는 나무가 자라지 않아요?"

"그건 아니고 이곳은 워낙 비가 적게 오기 때문에 나무가 자라기

어려운 환경이지. 저기 보이는 나무는 여기 기후에 잘 적응했나보구나. 아까부터 저 나무만 계속 보이네."

"띠리링~ 저것이 바로 올리브 나무지요."

"올리브라면 피자에 있는 그 까만 열매 말이지요?"

"띠리링~ 스페인 사람들은 올리브 없이는 아무것도 못 먹지요! 올리브는 열매로 먹어도 그만이죠! 올리브 오일이 또 얼마나 좋은 식품인가 하면……."

■스페인의 김치, 올리브

우리나라 음식에서 고춧가루를 빼놓을 수 없듯이, 스페인과 프랑스 남부, 이탈리아, 그리스 등 지중해 연안의 음식에서는 올리브 열매를 빼놓을 수 없답니다. 올리브 열매에서 기름을 짜 모든 요리에 사용하며, 열매 그대로 먹기도 합니다. 지중해 지역의 기후 특성상 여름의 몇 달 동안은 비가 한 방울도 내리지 않는 햇빛 쨍쨍한 날씨가 계속되어 다른 식물들은 이 기간 동안 거의 시들어갑니다. 하지만 올리브 나무만은 은녹색의 잎을 펄럭이며 원기 왕성하게 살아있답니다. 오히려 이 기간 동안에 축적한 양분으로 가을이 되면 가지가 휘어지도록 열매가 열리지요(처음에는 녹색이었다가 점차 푹 익으면서 짙은 자주색으로 변합니다). 이 때문에 고대부터 올리브 나무는 이 지역에서 '풍요의 상징'으로 통합니다.

지중해연안 국가에서는 어느 곳을 가더라도 올리브 나무를 볼 수 있는데, 다른 상록수와 쉽게 구분할 수 있는 방법은 햇빛에 반사되는 올리브 나무의 이파리는 거의 은회색 빛을 띠며 반짝거린다는 점입니다.

땅이의 질문에 까를롱 씨의 대답이 또 길어질까 현명해 여사가 서둘러 끼어들었다.

"그래, 피자에도 들어가고, 칵테일에도 쓰이고 하는 그 열매지. 우리나라 사람들이 밥상에 김치 없으면 서운해 하듯이, 스페인 사람들은 올리브를 중요하게 생각한다더구나. 그렇지요 까를롱 씨?"

올리브 나무

올리브 열매

"네, 그렇지요. 세뇨라."

까를롱 씨는 하고 싶은 얘기를 마저 다 하지 못해서 아쉬운 듯 보였다.

"우와~~ 저기 강이 보여요. 이제 코르도바에 다 온 건가요?"

하늘이가 좀이 쑤시기는 한 모양이었다. 창밖으로 고개를 내밀고 어디에 이슬람 사원이 있는지 살펴보느라 바빴다.

"띠리링~ 코르도바 최대의 이슬람 사원인 메스키타 사원에 오신 걸 환영합니다! 까르멘 허니, 오늘은 관광객이 많으니 공연이 꽤 잘 될 것 같은 예감이 드는데?"

까를롱 아저씨는 느끼한 미소를 지으며 까르멘 아줌마를 바라보았다. 까르멘 아줌마도 그런 까를롱 아저씨가 너무나 사랑스럽다는 듯한 얼굴이었다. 현명해 여사는 또다시 두 사람의 진한 키스신이 연출되기 전에 하늘이와 땅이를 데리고 메스키타 사원 안으로

코르도바 이슬람 사원 내부 전경

들어갔다.

"엄마, 여긴 이슬람 사원이라고 하지 않았어요? 그런데 벽에는 성당에서 본 듯한 벽화들이 그려져 있어요."

"이슬람 사원 양식의 건물이라는 뜻이란다. 무어인(Moors)들이 이곳을 지배하던 시절에는 이슬람 사원이었단다. 하지만 스페인 왕조가 이곳을 점령한 후로 성당으로 사용되고 있는 것이지."

"무어인이라면 아프리카에 살던 사람들이죠? 흠, 유럽에 이슬람 사원을 짓다니 대단한 사람들이었나 봐요."

"정원에 오렌지 나무들 보이지? 분수에서 떨어지는 물이 수로를 타고 나무로 흘러가도록 되어 있단다. 저런 관개기술도 무어인이 들여오면서 본격적으로 발달한 것이라고 해. 무어인들이 이곳을 지배하던 시절은 인구가 50만 명 넘는 유럽의 거대 도시였단다."

현명해 여사는 뿔테안경을 고쳐 쓰며 코르도바의 역사를

■스페인 속의 이슬람 왕국, 코르도바(Curdoba)

코르도바는 756~1031년까지 이슬람 왕국의 수도였는데 300여 개의 이슬람 사원이 있을 정도로 번영을 누렸다고 합니다. 그 중 메스키타 사원은 785년에 압둘라만 1세라는 왕이 원래 있던 교회를 사서 세운 최초의 이슬람 사원인데 그 규모가 커서 한번에 25,000명이 이슬람식 예배를 볼 수 있습니다.

조목조목 얘기해주었다. 엄마는 모르는 게 없다고 알고는 있었지만, 하늘이와 땅이는 새삼스레 엄마의 해박한 지식에 감탄했다.

"엄마는 세계의 모든 나라에 대해 어떻게 그렇게 잘 알아요? 나도 어른이 되면 엄마처럼 저절로 똑똑해져요?"

"어른이 된다고 저절로 알게 되는 건 아니야. 엄마도 한때 탐험가가 꿈이어서 세계에 대해 열심히 공부했어. 그래서 알게 된 거지. 하늘이랑 땅이도 책 많이 읽고 공부하면 많은 걸 알 수 있단다."

그런데 왜 탐험가가 되지 않으셨지? 땅이는 엄마에게 묻고 싶었지만, 엄마는 하늘 오빠와 함께 벌써 저만치 걸어가고 계셨다.

발렌시아의 명물, 파엘라

"띠리링~ 오늘 공연은 정말 성황리에 끝났군! 까르멘 허니, 사람들이 드디어 우리의 예술혼을 알아주는 것 같아!"

발렌시아 대성당 앞에서 벌인 공연은 정말이지 대단한 호응을 받았다. 까를롱 아저씨가 느끼한 미소를 날리면 여자 관객들이 탄성을 지르고, 까르멘 아줌마의 발놀림은 체구에 맞지 않을 정도로 빨라서 보는 이들의 감탄을 자아냈다. 물론 하늘이와 땅이의 공연도 인기 만점이었다. 시간이 날 때마다 까르멘 아줌마의 특강을 통해 연습한 집시 댄스를 완성해 처음으로 선보인 것이었다.

"하하! 오늘은 우리 꼬마 집시들 덕을 톡톡히 봤으니 이 까를롱이 한턱 크게 내마!"

땅이 가족은 까를롱 씨를 따라 시내의 한 식당에 갔다. 스페인 특유의 하얀 가구와 화려한 무늬의 타일로 장식된 고급스러운 식당이었다.

"이런 곳으로 초대해주셔서 감사합니다."

공짜라면 절대 마다하지 않는 현명해 여사는 깍듯이 인사를 했다. 하늘이와 땅이도 감사 인사를 했다.

"뭐, 이 정도를 가지고. 자, 마음껏 즐기세요! 이 집은 스페인 전통 요리인 파엘라로 유명하답니다."

파엘라(Paella)

요리 이름을 듣자 현명해 여사는 얼굴이 단박에 환해졌다. 하지만 파엘라를 모르는 땅이와 하늘이는 까르롱씨에게 물어봤다.

"파엘라가 뭔데요?"

"아, 발렌시아 해안에서 잡아 올린 싱싱한 해산물과 스페인의 정기를 듬뿍 받고 자란 쌀로 조리한 요리인데 아주 맛있지. 기대하시라, 띠리링~!"

"스페인 사람들도 쌀을 먹어요? 유럽 사람들은 빵만 먹는 줄 알았어요."

"이런, 그동안 이 까를롱과 스페인을 여행하고도 아직 스페인을 잘 모르다니!"

땅이는 입모양으로 '지중해성 기후'라고 말해 하늘이에게 힌트를 가르쳐 주었다.

"참! 겨울에는 비가 내리니까 쌀 재배가 가능하겠구나! 맞지요?"

"딩동댕! 아시아에서만 쌀을 먹는 것은 아니란다."

■지중해 연안의 쌀 재배

흔히 서양 사람들은 빵만 먹고 쌀밥은 먹지 않을 것이라고 오해를 하는 경우가 많습니다. 하지만 스페인이나 이탈리아 같은 지중해 연안의 국가에서는 쌀 요리가 발달되어 있답니다.

우선 스페인의 대표적인 관광 상품이자 서민들의 음식인 파엘라는 마늘·고추·육류·해산물을 넣고 끓인 우리의 '돌솥비빔밥'과 비슷한 요리인데, 가장 보편적으로 알려져 있는 것은 해물을 많이 넣은 발렌시아 지방의 것(파엘라 발렌시아나)입니다. 여기서 만들어지는 누룽지(소까라다)를 스페인 사람들 역시 좋아한답니다.

다음으로 이탈리아의 대표적인 쌀 요리인 리조또(risotto)가 있습니다. 이는 전통 이태리식 볶음밥으로 우리나라와는 달리 처음부터 생쌀을 넣고 조리하는데, 쌀과 다진 양파를 버터에 볶다가 육수를 붓고 끓여서 만듭니다. 죽과 밥의 중간 상태 정도로 이탈리아 중북부 지방인 롬바르디아의 전통 요리입니다.

여기서 말하는 스페인의 발렌시아 지방, 이탈리아의 롬바르디아 지방은 모두 쌀 재배가 이루어지는 곳입니다. 관개기술이 발달하기 전에는 겨울의 온난하고 비가 많은 조건을 이용해서 재배했으나 관개기술이 발달한 최근에는 여름의 '쨍쨍한 태양'을 이용할 수 있어 겨울보다 오히려 생산성이 높아졌습니다.

"오늘 이 만찬은 너희들의 수고에 보답하기 위해서이기도 하지만, 우리의 아쉬운 이별을 앞두고 이 까를롱과 까르멘이 대접하는 것이니까 맛있게 먹길 바란다."

까를롱 아저씨가 갑자기 진지한 목소리로 말했다.

"엥? 이별이라니요? 까를롱 아저씨 어디 가세요?"

"내일이면 우리는 바르셀로나로 들어가게 되는데, 바르셀로나에서 공연을 마치면 우리는 그리스로 넘어갈 생각이거든. 세뇨리따 땅의 가족은 스페인 여행을 한다고 했으니 바르셀로나에서는 헤어지게 되지 않겠니?"

헤어진다는 말을 하자 자신의 몸매만큼 감정도 풍부한 까르멘 아줌마 눈에 금방 눈물이 그렁그렁 고였다.

"하늘이랑 땅이랑 정이 많이 들었는데 벌써 헤어져야 하다니. 그러지 말고 너희 둘, 아줌마 아저씨랑 같이 다니지 않을래? 너희들은 자질이 있으니까 분명 까를롱과 나처럼 최고의 집시 댄서가 될 거야."

조금 느끼하기는 하지만 친절한 까를롱 씨와 정 많은 까르멘 아줌마와 함께 다니는 여행은 분명 재미있는 날들이 될 것이다. 하지만 하늘이와 땅이에게는 대장을 찾는 일이 더 중요했다. 하늘이와 땅이가 대답을 못하고 머뭇거리자 까르멘 아줌마는 기어이 울음을 터뜨리고 말았다.

"이래서 난 새로운 사람을 만나는 게 싫다니까. 만나면 꼭 헤어져야 하잖아! 엉엉!"

"띠리링~ 까르멘 허니, 울지 말아요. 당신은 언제나 이 까를롱이 지켜줄 거예요."

까를롱 씨의 달콤한 위로에 까르멘 아줌마는 울다가 금방 울음을 멈추고 미소를 지었다.

"우리나라에서는 울다가 웃으면 얼레리꼴레리 되는데!"

하늘이도 분위기를 띄우는데 한 몫을 했다. 까를롱 씨와 까르멘 아줌마는 곧 기분이 좋아져서 즉석 공연을 벌였다. 물론 이번 공연에서도 하늘이와 땅이는 빠지지 않고 집시 댄서의 실력을 유감없이 발휘했다.

'띠리링~짝! 짝! 짝! 짜가자가 짝짝! 띠리링~'

바르셀로나의 마지막 공연

"엄마, 까를롱 아저씨랑 헤어지면 그다음엔 어떻게 하죠? 스페인을 구석구석 뒤지고 다녔지만, 대장은 찾지도 못하고 힌트도 발견 못했는데…….”

바르셀로나로 가는 길, 땅이는 엄마에게 조심스럽게 물었다. 까를롱 아저씨를 따라 스페인을 떠돈 지도 한 달이 훌쩍 넘었는데 아무런 소득이 없었다. 현명해 여사도 이번에는 할 말이 없어서 뿔테 안경만 만지작거렸다.

“저, 아직까지 힌트가 없는 걸 보면, 다음 힌트를 만날 때까지 까를롱 아저씨랑 까르멘 아줌마를 좇아가면 되지 않을까요? 아니 뭐, 그리스에 가고 싶어서 그러는 게 아니라…….”

“으이그, 그리스에 가고 싶어서 그러는 것이구먼!”

땅이는 하늘이의 허리를 쿡 찔렀다.

하늘이와 땅이가 티격태격하고 있을 때였다.

“바르셀로나에 도착해서도 대장을 찾지 못하면, 집으로 돌아가자. 너무 오래 집을 떠나 있었던 것 같아.”

하늘이와 땅이는 엄마의 갑작스러운 결심에 놀라서 동시에 소리를 질렀다.

“에? 그럼 대장은 어떻게 하구요? 대장이 위험에 처해 있는데, 이대로 절대 못 돌아가욧!!”

“그럼, 어쩌겠니? 아무리 뒤를 좇아도 대장은 찾지 못하고 늘 헛다리만 짚고 있잖아. 아무래도 국제경찰에게 맡기는 편이 나을 것 같아. 너희도 오랫동안 여행하는 거 힘들잖아. 음식도 입에 안 맞고, 친구들 보고 싶지 않아?"

엄마 말씀을 들으니 친구들이 보고 싶고, 방과 후에 친구들이랑 함께 먹었던 떡볶이와 순대가 먹고 싶어졌다. 하늘이와 땅이는 시무룩해져서 바르셀로나로 가는 내내 조용했다.

"띠리링~ 스페인의 보석, 바르셀로나에 오신 걸 환영합니다!"

심각한 분위기를 눈치 챈 까를롱 씨가 분위기를 띄우기 위해 과장된 목소리로 말했다.

"오늘은 공연이고 뭐고 바르셀로나의 해변에 가서 실컷 바다를 즐기시죠. 뭐니 뭐니 해도 바르셀로나의 해변은 스페인, 아니 유럽의 보석 중에 보석이죠!"

까를롱 씨가 가리킨 곳을 보니 정말 아름다운 해변이 펼쳐져 있었다. 천국처럼 아름다운 바르셀로나의 해변에는 많은 사람들이 일광욕과 해수욕을 즐기고 있었다.

"우와! 바다가 정말 파란 빛깔이에요! 아니, 초록색이라고 해야 하나?"

"띠리링~ 에메랄드빛이라고 하지. 어때? 보석 중의 보석이라 할 만하지?"

하늘이와 땅이는 물론이고 현명해 여사까지도 까를롱 씨의 말에 동의하지 않을 수 없을 만큼 아름다운 해변이었다.

"까를롱 씨, 사람이 왜 이렇게 많아요? 스페인 사람들은 낙천적이고 놀기 좋아한다더니 정말 그런가 봐요."

"어허, 스페인 사람은 절대 저렇게 허여멀겋지 않다고! 정열적인 태양의 정기를 받은 민족이니까 말이지. 여기에 오는 사람들은 대부분 북유럽에서 햇볕을 쫓아온 사람들이야."

"햇볕을 쬐러 이 멀리까지 온다고요? 우리나라 여름 하늘을 가져다 팔면 잘 팔리겠네!"

바다를 보자 금세 기분이 좋아진 하늘이와 땅이는 창피한 줄도 모르고 속옷만 입은 채로 바다에 뛰어 들었다. 현명해 여사도 해변에 자리를 잡고 오래간만에 휴식을 취했다.

“근데 엄마, 이곳 여자들은 남자들처럼 수영복을 하나만 입고 다녀요.”

따스한 햇살에 취해 살짝 잠이 들었던 현명해 여사는 하늘이의 말을 듣고 화들짝 놀라 일어났다. 아까는 바다만 바라보느라고 눈치채지 못했는데 해변에 수영복 상의를 벗고 가슴을 훤히 드러낸 여자들이 많았던 것이다. 놀란 현명해 여사는 하늘이와 땅이의 눈을 가리느라 정신이 없었다. 하늘이와 땅이는 그런 엄마를 피해 요리조리 달아나느라 바빴다.

그때였다!! 땅이가 해변 저쪽에 서 있는 대장을 본 것은. 아니 대장 닮은 사람이라고 해야 맞을 것이다. 얼른 그쪽으로 달려갔지만 대장은커녕 동양사람 하나 보이지 않았기 때문이다.

'이젠 헛것이 다 보이네.'

땅이는 발길이 쉽게 떨어지지 않았다.

"우와! 오늘 공연 정말 대성공이에요! 다른 때보다 동전이 서너 배는 더 많은 것 같아요. 지폐도 들어있고! 우리 아무래도 댄서를 직업으로 해야 할 것 같아요."

바르셀로나 투우장 앞에서 시작한 땅이 가족의 마지막 공연은 성황리에 끝이 났다. 투우 경기 때문에 관객이 많기도 했지만, 하늘이와 땅이, 현명해 여사까지 총출동한 집시 댄스 덕분이었다. 모두들 하늘이와 땅이가 내민 모자에 공연료

■ 지중해 연안의 관광객 현황

2004년 한 해 동안, 스페인에는 5360만 명, 이탈리아에는 3710만 명의 관광객이 다녀갔습니다. 각각 세계 2위와 5위를 했지요. 그런데 이곳으로 몰려드는 관광객의 68%, 즉 10명중 6~7명은 프랑스 · 영국 · 독일 사람들이라고 합니다. 그 이유는 무엇일까요? 지리적으로 가깝기 때문이기도 하겠지만 뭐니 뭐니 해도 '쨍쨍한 햇빛' 때문이랍니다. 프랑스 · 영국 · 독일 같은 북서부 유럽 지역은 비가 많고 흐린 날이 많은 기후라서 지중해성 기후(여름)의 화창한 날씨와 맑은 하늘, 눈부신 태양이 부러운 거죠. 그래서 여름 휴가철이 되면 너도나도 남부 유럽으로 내려와 햇빛을 마음껏 즐기고 간답니다.

를 듬뿍듬뿍 넣어주었던 것이다.

"띠리링~ 정말이지 하늘이와 땅이는 행운의 마스코트라니까. 하하!"

돈을 계산하던 까를롱 씨도 기분이 좋은지 웃음을 멈추지 못했다.

"아니, 이게 뭐야? 모자에 쓰레기를 집어넣다니, 이런 양심불량한 놈 같으니! 쎄뇨리따 땅, 이것 좀 버려주겠어요?"

스페인 해변

땅이는 까를롱 아저씨가 건넨 종이를 받아들고 눈이 왕사탕만 해졌다.

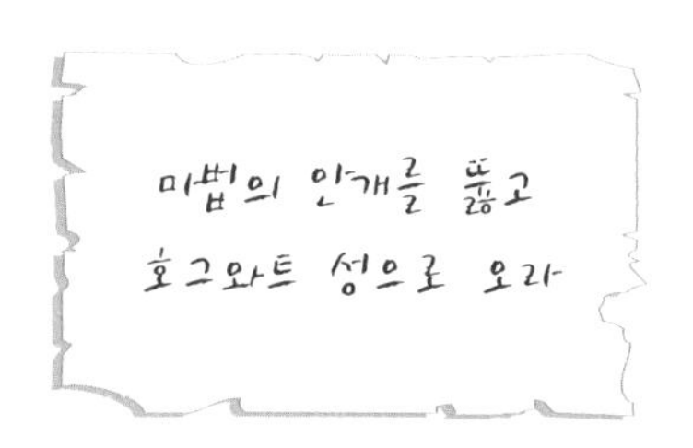
미법의 안개를 뚫고
호그와트 성으로 오라

"엄마!!!!!! 대장의 다음 힌트인 것 같아요!"

그렇게도 기다리던 단서를 드디어 찾아내다니! 현명해 여사는 쪽지를 확인하고 뿔테안경을 고쳐 썼다.

"까를롱 씨, 혹시 이 쪽지를 넣은 사람 기억해요?"

"이렇게 많은 사람들 중에서요? 내가 뭐 로봇인가요? 띠리링~"

까를롱 씨는 어깨를 으쓱하고 플라멩코 기타를 치며 저쪽으로 사라져버렸다. 현명해 여사는 비협조적인 태도의 까를롱 씨를 의심스러운 눈빛으로 바라보았다.

"저, 실은 아까 해변에서 대장을 본 것 같아서 유심히 관객을 살폈는데 수상한 사람은 없었어요."

땅이가 까를롱 씨의 편을 들었다.

"엄마, 영국이에요. 영국! 호그와트 성은 해리포터가 다니는 마법학교잖아요!"

힌트의 답을 맞힌 것 같아 자랑스러운지 하늘이의 목소리가 쩌렁쩌렁 울렸다.

"말도 안 돼! 세상에 그런 곳이 어디 있어!! 게다가 마법의 안개라니."

땅이는 하늘이의 추리가 마음에 안 드는지 쪽지를 흔들며 불만스럽게 말했다.

"런던하면 안개잖아! 그리고, 설령 이상한 힌트라고 해도 우리한테 남은 건 이 쪽지뿐인데 믿어야지. 무시하고 한국으로 돌아가기라도 할 거야? 대장은 제트맨 손아귀에 버려두고?"

하늘이의 질문에 땅이는 대답을 할 수 없었다. 분명 이상한 힌트이긴 하지만, 대장을 찾아가기 위한 단서임에는 분명한 것이기 때문이다. 한참 동안 뿔테안경을 만지작거리던 현명해 여사도 하늘이의 물음에 마음을 굳혔는지 입을 열었다.

"하늘아, 땅아, 친구들은 조금 나중에 봐도 괜찮겠지?"

"당연하죠!"

하늘이와 땅이는 씩씩하게 대답했다.

"그럼, 가자! 런던으로!"

"아자 아자 가자!!!"

영국
스페인

Chapter 5

안개 속에서 길을 잃다

Date . 9. 15.

런던의 잔디는 서울과는 다르게 사계절 내내 푸르다. 일년동안 비가 고르게 오니 잔디가 늘 푸르게 살아있는 것이다. 우리나라에서는 겨울이 되어 잔디가 노랗게 시들면 밟아주어야 잘 자란다고 잔디를 일부러 밟기도 하지만, 런던은 잔디가 시드는 때가 없으니 잔디밭은 절대 접근 금지 구역이다. 우산을 이용해 잔디밭에 떨어진 아이의 모자를 주워 주었다는 영국신사의 일화가 왜 생겼는지 알 것 같다.

– 대장의 일기에서

"제법 쌀쌀하네. 비도 부슬부슬 내리는 것이 런던은 바르셀로나하고 날씨가 완전 달라요!"

런던 히드로 공항에 도착하자 땅이 가족을 맞이한 쌀쌀한 초가을 바람은 따끈따끈한 우동 국물을 생각나게 했다. 게다가 지난 두 달간 구경도 못한 떡볶이, 김치볶음밥, 라면, 우동이 눈앞에서 어른거렸다.

"여기 런던은 스페인보다 북쪽에 있으니까 그런 거야. 위도가 높을수록 태양 에너지를 비스듬하게 받기 때문에 기온이 더 낮아진단다."

"날씨가 이러니까 영국 사람들이 스페인의 맑은 날씨를 즐기러 몰려가는 거구나."

"이런 날씨엔 따끈따끈한 어묵 국물과 매콤한 떡볶이를 먹어야

■영국

유럽 대륙 서쪽 북대서양에 위치하는 면적 244,101km², 인구 5916만 4000명의 국가입니다.

영국은 여름에 선선하고 겨울에 따뜻한 전형적인 대륙 서해안의 해양성 기후의 나라입니다. 난류인 북대서양 해류와 편서풍의 영향을 받기 때문에 이러한 기후가 형성되는 것입니다.

영국 기후는 매우 변덕스러운 날씨를 보입니다. 비는 연중 고르게 내리지만 평균적으로 3월부터 6월까지가 가장 건조한 시기이고 9월부터 1월까지가 가장 많이 내립니다.

하는데. 그렇지?"

"떡볶이에 어묵! 아! 맛있겠다. 쩝, 제트맨 이 나쁜 놈! 영국에서는 기필코 잡고 말 거야!"

매콤한 떡볶이를 먹을 수 있다면 당장이라도 제트맨을 때려잡을 수 있을 것 같았다.

"벌써 해가 저무니 숙소부터 찾아보자!"

현명해 여사는 하늘이와 땅이의 손을 잡고 씩씩하게 히드로 공항을 빠져나갔다.

호랑이 백 마리 장가가는 날

10월의 런던은 스산하기 짝이 없었다. 아침부터 안개가 시야를 가리는가 하면, 하늘에 잔뜩 구름이 끼고 바람이 불다가 어느 순간 햇볕이 쨍하면서 덥다가, 시시때때로 가랑비가 내리기도 했다.

오후가 되자 느닷없이 불어오는 돌풍에 오들오들 떠는 일까지 생겼다.

커다란 배낭을 메고 강행군을 할 때도, 사막에서 아이들과 떨어져 죽을 고비를 넘겼을 때도 늘 씩씩했던 현명해 여사였지만 변덕스러운 날씨에 그만 어깨가 축 쳐지고 말았다. 온 런던을 뒤지고, 도서관의 책들도 샅샅이 뒤져 봤지만 '호그와트 성'을 찾을 수 없었다. 지나가는 사람들을 붙잡고 물어봐도 해리포터 얘기만 할 뿐, 실제로 호그와트 성이 어디 있냐고 되물으면서 오히려 이상한 사람 보듯 쳐다볼 뿐이었다. 하늘이와 땅이도 눈에 띄게 지쳐 보였다. 현명해 여사는 아이들의 기운을 북돋워주기 위해서 일부러 밝은 목소리로 말했다.

"오늘은 멋진 레스토랑에서 근사한 저녁을 먹자. 템스 강 구경도 하고. 어때 좋은 생각이지? 런던에 왔는데 템스 강은 한번 구경해야지!"

■템스 강과 한강

런던 한가운데를 흐르는 템스 강, 서울의 한가운데를 흐르는 한강. 유람선이 다니고 도시민들의 상수원이 되는 이 두 강의 차이점은 무엇일까요?
우선 템스 강은요, 런던의 기후가 강수량이 적고 일년내내 비가 조금씩 내리기 때문에 강물의 양이 거의 변화가 없답니다. 그렇지만 한강은 여름의 장마철에 비가 한꺼번에 많이 오고, 겨울에는 거의 오지 않기 때문에 여름에는 홍수가 날 정도로 강물의 양이 많아지고요, 반대로 겨울에는 강물의 양이 많이 줄어듭니다.
또 런던은 겨울의 평균 기온이 영상이라서 템스 강은 어는 법이 없지만, 서울의 한강은 영하의 기온 때문에 한가운데까지 얼어 버리기도 한답니다. 따라서 템스 강은 일년내내 유람선이 다닐 수 있지만 한강은 겨울엔 유람선이 다니지 않을 때도 있죠.

템스 강(Thames R.)

템스 강보다는 멋진 레스토랑이란 말에 기운이 난 하늘이와 땅이의 발걸음이 활기차졌다.

"엄마, 오늘 영국에서 호랑이가 백 마리는 장가가나 봐요."

"오빠 말이 맞아요. 날씨가 너무 변덕스러워요. 어쩜 매일 이렇게 날씨가 안 좋은지. 런던은 원래 이래요?"

"응. 영국은 서쪽 바다에서 불어오는 바람의 영향을 많이 받아. 그래서 크게 덥지도 춥지도 않지만 비가 자주 내린단다. 여름에는 그나마 낫지만 가을이 시작되면 본격적으로 해가 짧아지고 찌푸리고 우중충한 날씨가 봄까지 계속되는 거지."

현명해 여사는 안개비에 젖은 뿔테안경을 닦아 고쳐 쓰며

■런던의 기후 VS 서울의 기후

지도를 보면 런던은 북위 51.0° 이고 서울은 북위 37.3° 라는 걸 알 수 있어요. 상식적으로 생각하면 런던이 서울보다 위도가 높은 곳에 위치하므로, 런던의 기후가 서울의 기후보다 훨씬 추워야겠죠? 그러나 절대 그렇지 않답니다.

런던은 서울보다 위도가 높지만 따뜻한 북대서양 해류와 연중 서쪽에서 불어오는 편서풍 덕택에 겨울은 서울보다 따뜻하고, 여름은 서울보다 서늘한 기후가 나타난답니다. 이런 기후를 서안해양성 기후라고 하죠.

강수량은 연간 약 750mm로 서울의 50% 정도지만, 1년의 반에 가까운 168일이나 비가 온다니 참 놀랍죠? 적은 양의 비가 여러 날 내리기 때문이랍니다.

말했다.

"날씨처럼 사람들 표정도 어두운 거 같아요. 영국은 신사의 나라라더니, 별로 친절하지도 않고."

"날씨가 사람들의 생활을 얼마나 많이 좌우하는데. 햇볕이 적은 영국이나 북유럽 사람들은 찌뿌드드한 날씨 때문에 집 안에만 틀어박혀 있다 보니 성격이 내성적이거나 무뚝뚝한 사람이 많단다."

"하긴 매일 이렇게 날씨가 제멋대로라면 저절로 기분이 우울해질 수밖에 없겠어요."

"앞이 하나도 안 보이네. 땅아, 어디선가 제트맨이 안개를 만들어서 뿌리는 것 같지 않아? 그것 봐! 힌트 속에 마법의 안개는 영국을 말하는 게 틀림없다고 했잖아!"

하늘이는 어깨를 으쓱거리며 또 한 번 자신의 실력을 과시했다.

으이그, 한 치 앞도 안 보이는데 저렇게 호들갑을 떨고 싶을까? 저러다 돌부리에 걸려 넘어지지. 땅이는 하늘 오빠에게 선수를 두 번이나 빼앗긴 것이 배가 아팠다.

"조심히 걷기나 하셔! 이 무시무시한 마법의 안개가 오빠 발목을 낚아챌지도 모르잖아. 그리고 그렇게 자신 있으면, 호그와트 성을 어떻게 가야하는지도 좀 맞춰 보시지? 이렇게 런던을 뺑뺑 돌기만 해서 언제 대장을 찾겠어?"

하지만 하늘이는 묵묵부답이었다. 그럼 그렇지! 영국까지 오게는 됐지만 소설 속의 호그와트 성을 찾아낼 재간이 어디 있겠어? 땅이는 약점을 잡은 김에 조금 더 놀려줄 생각으로 뒤쫓아 오는 하늘 오빠를 향해 돌아섰다. 그런데 이게 웬일? 하늘 오빠의 모습이 보이지 않았다!

"엄마, 엄마!!!! 하늘 오빠가 없어졌어요!"

현명해 여사는 땅이의 외침에 화들짝 놀라 뒤를 돌아보았지만 이미 하늘이는 짙은 안개 속으로 사라져버린 후였다.

"방금 전까지 바로 뒤에 있었는데 어쩜 이럴 수 있지? 이놈의 지긋지긋한 안개!"

현명해 여사와 땅이는 백방으로 하늘이를 찾아 헤맸지만 비와

런던 스모그

바람과 안개가 작당을 하고 하늘이를 감춰버린 듯 도무지 찾을 수 없었다.

"엄마, 다시는 하늘 오빠를 못 만나면 어떻게 해요!"

대장도 아직 못 찾았는데 엎친 데 덮친 격으로 하늘 오빠까지 사라졌다고 생각하니 땅이는 막막하기만 했다. 현명해 여사도 해결방법이 생각나지 않는지 한참 동안 뿔테안경을 만지작거렸다.

"땅이야, 아무래도 템스 강으로 가야겠다. 헤어지기 전에 거기로 간다고 얘기했으니까 그쪽으로 가 있을지도 몰라. 길을 잃으면 그 자리에 가만히 있으라고 그렇게 당부했는데……. 이 녀석 그곳에 있기만 해봐라. 아주 혼날 줄 알아!"

■ 스모그(smog)

스모그(smog)는 영어의 'smoke(연기)'와 'fog(안개)'의 합성어입니다. 이 용어는 14세기 초 유럽에서 산업 발전과 인구 증가로 석탄 소비량이 늘어났을 때부터 생겼습니다.

1872년 런던에서 스모그에 의한 사망자가 243명이나 발생했다고 합니다. 특히 1952년 12월에는 한줄기의 햇빛도 통과 할 수 없는 스모그가 계속되어 수천 명의 사망자를 낸 일명 '런던 사건'이 일어나게 되었습니다.

런던은 템스 강과 대서양에서 지속적으로 습기가 공급되어 안개가 자주 발생하기 때문에, 이것이 매연과 결합되어 스모그화 되기 쉬운 기후 특성을 가지고 있었습니다. 그래서 스모그라는 말이 생겨난 것도 영국이 처음이었지요. 물론 지금은 예전처럼 그렇게 심한 스모그는 생기지 않는다고 합니다.

현명해 여사는 짙은 안개 속에서 땅이 마저 잃어버릴까 손을 꼭 잡고 템스 강으로 향했다.

친절한 영국신사 존 아저씨

"엄마, 여기예요. 여기요!"

세상에, 허겁지겁 달려간 템스 강 유람선 선착장에 하늘이가 먼저 도착해 있었다.

"하늘 오빠!"

"하늘이, 이 녀석!"

하늘이를 보자 반가운 마음이 앞섰지만 두 모녀는 호랑이 눈을 뜨고 잔소리부터 해댔다.

"엄마가 길 잃어버리면 그 자리에 가만히 있으라고 했어, 안했어! 도대체 말이지……."

"우와, 진짜 내 예감이 딱 맞았네. 엄마랑 땅이가 템스 강으로 올 거라고 예상했었어요. 여기 친절한 아저씨가 도와주시는 덕분에 벌써 와서 기다리고 있었지요. 그런데……."

말은 씩씩하게 했지만 눈에는 어느새 눈물이 맺혀서 끝까지 말을 잇지 못했다. 하늘이도 낯선 도시를 혼자 돌아다니면서 런던의 부랑자가 될 지도 모른다는 상상에 겁을 먹었던 것이다. 만나기만 하면 혼쭐을 내주리라 다짐했던 현명해 여사도 하늘이의 불쌍한 표정에 그만 마음이 누그러지고 말았다.

"안녕하세요? 저는 존 스미스라고 합니다."

백 년 만에 만난 사람들처럼 서로를 얼싸안고 있는 땅이 가족에게 트렌치코트를 입고 중절모를 쓴, 기다란 우산까지 들고 있는 전형적인 영국신사가 인사를 건넸다.

"안녕하세요. 우리 하늘이를 도와주셨다니 정말 감사합니다."

현명해 여사는 자신의 여행복 차림이 신경이 쓰였는지 옷매무새를 다듬고 악수를 청했다. 그러자 그 영국신사는 악수 대신 현명해 여사의 손등에 키스를 했다. 현명해 여사는 볼이 빨개지는 걸

■버버리코트

영국에서 9월~1월 동안은 비가 가장 많이 내리는 기간이며 바람이 불어 체감 온도가 매우 낮을 때입니다. 이렇게 습기가 많고 쌀쌀한 영국 특유의 기후에 알맞게 고안된 것이 바로 이 버버리코트입니다. 그래서 영국신사는 항상 버버리코트에 모자를 쓰고 우산을 손에 든 모습이었죠.
버버리코트는 원래 전쟁 중에 병사들이 참호에서 입던 트렌치코트를 말하는 것이었다고 합니다. 방수와 보온 효과가 뛰어난 개버딘이라는 소재로 만든 이 옷의 인기는 전쟁이 끝난 다음까지 이어지게 되었습니다. 그리고 트렌치코트라는 이름보다는 이 코트를 만들어 내는 버버리(Burberry)사의 이름을 따서 아예 버버리코트라고 불리게 되었답니다.

보이지 않으려고 애꿎은 뿔테안경만 만지작거렸다.

“대장한테 아저씨가 엄마에게 뽀뽀했다고 이를 거예요!”

하늘이는 방금 전까지 겁에 질렸던 것도 잊고 금세 활발해져서 말했다.

“이렇게 아름다운 분을 위해 싸워야 한다면 언제든지 환영입니다!”

빅벤(Big Ben)

“절대 싸울 일 없어요! 대장도 아저씨가 길도 가르쳐주고 이층버스도 태워준 것을 아시면 좋아하실 걸요! 크크!”

안개 속에서 길을 잃고 막막해 하고 있을 때 파란 눈의 존 아저씨가 나타나 말을 걸어주어서 하늘이는 마치 천사를 만난 것 같았다. 존 아저씨는 하늘이에게 어디서 왔고, 어디로 가는지 자세히 묻더니 템스 강까지 직접 데려다 준다며 런던의 명물 이층버스를 태워준 것이었다. 오는 길에 대영박물관, 국회의사당과 빅벤을 지나오면서 런던 시내 구경까지 했다.

“진짜 이층버스도 탄 거야? 우린 오빠 찾느라 정신없어서 아무것도 구경 못했는데. 정말 밉다!”

영국의 명물, 이층버스

하늘 오빠가 자기는 타보지 못한 이층버스를 타고 런던 구경을 했다니 땅이는 배가 아팠다.

"하하! 이층버스는 말이지, 차장 아저씨한테 돈을 내고 버스에 올라타면 이층으로 올라가는 계단이 있어. 그 계단을 올라가면 런던이 한눈에 보인다고! 참, 너 그거 알아? 런던의 자동차는 운전석이 오른쪽에 있다."

칫, 영국에서는 하늘 오빠만 아는 척 하겠구나. 땅이는 이럴 줄 알았으면 자기가 길을 잃어버릴 걸 하고 후회가 되었다.

"이렇게 만난 것도 인연인데 저에게 저녁식사를 대접하는 영광을 주시겠습니까?"

친절한 영국신사 존 스미스 씨는 모자를 벗어 인사하며 정중하게 부탁했다. 모자를 벗은 존 스미스 씨는 이마가 심하게 넓었다. 그러고 보니 영국에는 유난히 대머리가 많은 것 같았다. 모자 벗기 전만 해도 잘생긴 신사인 줄 알았는데, 갑자기 이미지가 확 깨졌다.

"아니에요. 하늘이를 도와주신 답례로 저희가 대접해야죠."

"아닙니다. 여러분은 런던을 방문해주신 손님들이신데, 당연히 제가 대접해야죠. 자, 이쪽으로 가시죠."

땅이는 존 아저씨의 친절함에, 현명해 여사는 공짜라는 소리에 감동했고, 하늘이는 자신의 외국인 친구가 어떠냐는 듯 으스대며 존 아저씨의 손을 잡고 앞장섰다.

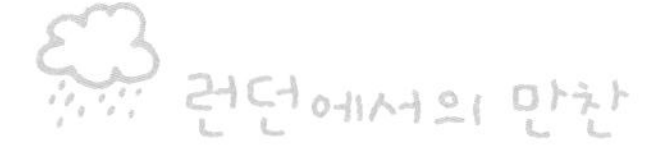

"얘들아, 좀 천천히 먹어. 누가 보면 엄마가 너희들 한 끼도 안 먹인 줄 알겠다."

하늘이와 땅이는 접시 위에 산더미처럼 쌓여있던 요리를 게눈 감추듯 먹어치우고 엄마가 남긴 요리에 눈독을 들였다. 요리는 존 아저씨가 영국의 대표음식이라며 강력 추천한 '피쉬 앤 칩스' 였는데 가격도 저렴하고 맛도 괜찮았다. 물론 김치볶음밥만큼은 못하지만, 마사이 족 마을에서 우유만 먹던 때를 생각하면 감지덕지 할 일이다.

"존 아저씨, 잘 먹었습니다! 그런데 여기는 밥은 안 먹어요? 밥을 먹어야 속이 든든하고 좋은데……."

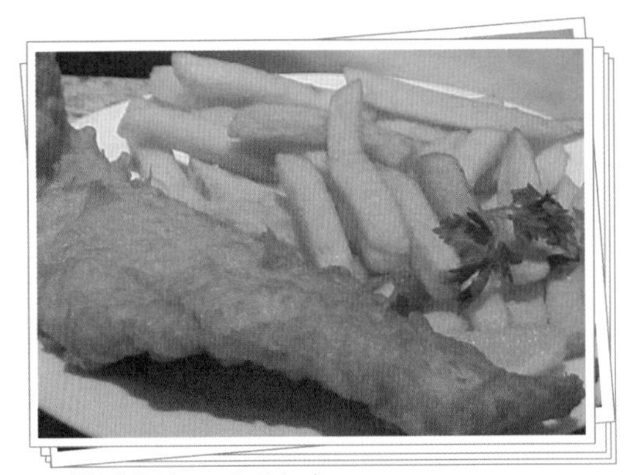
피쉬 앤 칩스(Fish & Chips)

"하늘이, 오늘 이곳 날씨를 겪어보았지? 영국은 대부분 오늘 같은 날씨라 쌀과 같은 곡물은 재배하기가 어렵단다."

"365일이 오늘 같은 날씨라고요?"

"물론 영국에도 계절이 있지. 하지만 여름 잠깐을 빼고는 흐린 날이 많은 편이고, 비도 일년내내 비슷하게 내린단다."

"맞다. 쌀은 고온다습한 지역에서 잘 자란다고 했지."

"하늘이가 똑똑해서 어머님은 좋으시겠습니다."

수업시간에 늘 딴 짓만 할 줄 알았는데 사회 시간에는 잘 들었는지 막힘이 없었다.

"하하! 이 정도는 돼야 대장을 따라서 멋진 탐험가가 되지요!"

오늘은 아무래도 하늘 오빠의 날인가보다. 땅이는 입을 삐죽였다.

"날이 흐려서 머리카락도 잘 안자라는 건가?"

현명해 여사는 땅이의 말에 화들짝 놀라 땅이의 허리를 꼬집었다.

"아얏, 왜요? 오늘만 해도 대머리 아저씨를 스무 명도 넘게 봤는데…….”

현명해 여사가 뿔테안경을 만지작거리며 째려보자, 땅이는 조용히 꼬리를 내렸다. 엄마 눈빛을 봐서는 존 아저씨랑 헤어지고 나면 최소한 잔소리 1시간 감인 듯했다.

“하하! 대머리는 가문의 내력이지. 아버지도, 할아버지도 대머리셨단다. 하지만, 땅이 의견도 그럴 듯하네요. 비가 조금씩 자주 내리다 보니 공기는 나쁘지, 비는 자주 맞지. 머리가 빠질 만도 하죠, 뭐.”

존 아저씨가 괜찮다는 듯 양손을 저으며 대답하자 잠시 살벌했던 분위기가 조금은 풀린 듯했다. 존 아저씨, 감사합니다.

“그럼, 이제 어디로 가실 예정이십니까?”

“실은, 잘 모르겠어요. 소설 속에나 나오는 호그와트

■ 유럽의 빵 VS 아시아의 쌀

영국을 비롯한 서부 유럽은 빵과 우유를, 아시아는 밥을 먹는 이유는?

한마디로 기후 때문이랍니다. 영국을 비롯한 서부 유럽은 여름이지만 더운 날이 많지 않고 강수량도 그리 많지 않습니다. 흐리고 안개 같은 비가 올 때에는 한여름에도 두툼한 잠바를 입어야 할 정도로 기온이 내려가지요. 흐린 날이 많기 때문에 햇빛이 충분하지도 않지요. 이런 기후에서는 쌀 재배가 불가능하답니다.

쌀은 우리나라처럼 여름에 기온이 높고 비가 충분히 내리는 기후에서 잘 자라거든요. 서부 유럽과 같은 기후에서는 밀 밖에 자랄 수 없답니다. 그리고 땅이 척박해서 소나 양과 같은 가축을 주로 기르다 보니 낙농업이 발달하게 되었지요.

그래서 아주 오래 전부터 유럽은 밀로 만든 빵을 먹었고 소젖이나 양젖으로 만든 낙농 제품이 발달했어요.

그러나 요즘과 같은 세계화 시대에는 우리가 밥과 빵을 함께 먹는 것처럼 유럽 사람들도 쌀로 만든 음식을 많이 먹는다고 합니다. 물론 우리만큼은 아니지만요.

성을 도대체 무슨 수로 찾을지……."

다시 대장을 찾아 밤거리를 헤맬 생각을 하니 벌써 배가 고파지는 것 같았다.

"호그와트 성이라… 혹시 영화 '해리포터' 를 보셨습니까?"

"당연하죠. '해리포터' 는 소설이랑 영화를 빼놓지 않고 전부 다 섭렵했는걸요."

하늘이도 땅이도 해리포터라면 사족을 못 썼다.

"혹시 옥스퍼드 대학에 있는 '크라이스트처치 칼리지' 란 곳을 아십니까? 영화 속 호그와트 성의 촬영장소인데, 혹시 그곳을 말하는 건 아닐까요?"

"맞다! 왜 그 생각을 못했을까? 존 아저씨 말도 일리가 있는 것 같은데, 엄마는 어떻게 생각해요?"

해리포터를 촬영한 곳이라니 땅이도 가보고 싶어져 현명해 여사의 눈치를 살폈다. 혹시 지금도 촬영을 하고 있다면 영화 속 해리포터를 실제로 만나게 될지도 모를 일이다.

"옥스퍼드라면 런던에서 멀지도 않고 대학도시라 아이들에게도 한번 보여주고 싶은 곳이긴 한데, 만약 그곳에서도 대장을 찾지 못하면 실망이 크지 않을까 싶네요."

"엄마, 옥스퍼드에 가요. 해보지도 않고 포기하는 게 더 나쁜 거잖아요."

하늘이와 땅이가 간절한 눈빛으로 바라보자 현명해 여사의 마음이 약해졌다.

"그래, 기왕에 런던까지 왔으니 옥스퍼드에 가보자."

"킹스크로스 역에서 매일 아침 9시에 옥스퍼드 행 열차가 출발한답니다."

존 아저씨가 거들었다.

"맛있는 저녁에 멋진 아이디어까지 주셔서 정말 감사합니다. 왜 영국을 신사의 나라라고 하는지 알겠네요. 다시 한 번 감사합니다."

이번에는 현명해 여사도 자연스럽게 손을 내밀었다. 존 아저씨는 현명해 여사의 손등에 작별의 키스를 하고 아이들에게도 모자를 벗어 정중히 인사하고 모퉁이 저편으로 걸어갔다. 현명해 여사의 뺨에 홍조가 미처 사라지기 전에 존 스미스 씨가 뒤돌아서서 아리송한 마지막 말을 남겼다.

"크라이스트처치 칼리지 입구에 마법에 걸린 석상이 있답니다. 누군가 마법을 풀어줄 때까지 그곳에서 호그와트 성을 지켜야 한다는군요. 꼭 한번 만나보시기 바랍니다."

"우와, 진짜 영화 속 그대로네! 해리포터가 마법 빗자루를 타고 나타날 것 같아요! 붕붕~"

옥스퍼드 대학의 가장 큰 건물인 크라이스트처치 칼리지는 정말 웅장하고 아름다웠다. 이른 아침부터 호그와트 성의 촬영지를 구경하고자 몰려든 관광객들로 입구부터 붐볐다. 하늘이와 땅이도 이곳저곳을 구경하기에 바빴다.

"하늘 오빠, 여기가 호그와트 학생들이 식사하던 식당인가 봐! 그렇지?"

학생식당에 들어선 하늘이는 입이 딱 벌어졌다. 식당 벽에 걸린 그림 속 인물들이 금방이라도 살아나서 말을 걸어올 것만 같았다.

■크라이스트처치 칼리지 (Christchurch College)

1525년 울시 추기경(Cardianl Woolsey)에 의해 설립된 옥스퍼드 최대의 칼리지로, 크라이스트처치 대성당이 있는 곳이기도 합니다. 그레이트 콤이라 불리는 7톤가량의 큰 종이 있는 톰 타워에서는 매일 밤 21시 05분에 101회의 종이 울리는데, 이는 이 학교 창설 당시의 학생수가 101명이었기 때문이라고 합니다.

"자, 애들아. 이제 그만 정신 차리고 대장을 찾아봐야지. 하늘이는 건물의 동쪽을, 땅이는 서쪽을 찾아보렴. 엄마는 위층을 찾아볼게. 알았지?"

하늘이와 땅이는 주먹을 불끈 쥐고 각자 맡은 방향으로 갈라졌다.

크라이스트처치 칼리지
(Christchurch College)

"엄마, 동쪽에는 대장이 없는 것 같아요."

"서쪽에도요. 엄마는요?"

현명해 여사가 고개를 흔들자 하늘이와 땅이의 어깨가 축 늘어졌다. 결국 이곳도 호그와트가 아니란 말인가? 도대체 힌트 속 호그와트는 무슨 의미일까?

"에잇, 존인지 스미스인지 그 아저씨 말을 믿는 게 아니었는데! 아무것도 모르면서 괜히 기운만 빠지게."

땅이의 투정에 하늘이가 급히 존 아저씨 편을 들었다.

"존인지 스미스인지가 아니라, 존 스미스 씨야. 그래도 여기 입구에 마법에 걸린 석고상이 있다는 말은 맞잖아. 저길 봐!"

하늘이가 가리킨 곳을 바라보니 정말 그곳에는 마법사 석고상이 서 있었다.

"이상하다. 들어올 때는 분명 보지 못했는데……."

현명해 여사는 뿔테안경을 고쳐 쓰고는 마법사 석고상을 살펴보기 위해 다가갔다.

석고상이 된 덤블덤블 마법사!

"우와, 이 석고상 정말 살아있는 사람 같아요! 진짜 마법에 걸린 것이 아닐까요?"

하늘이는 석고상 주변을 뱅뱅 돌며 흥분해서 소리를 질렀다. 마법사는 기다란 망토에 고깔모자를 쓰고, 코끝에는 안경이 위태롭게 걸려있었고, 손에는 마법의 지팡이를 쥐고 있었다. 기다란 속눈썹과 머리카락 한 올까지 너무나 섬세해서, 온몸이 온통 하얀색 석고로 뒤덮여 있지만 않다면 정말이지 사람이라고 해도 믿을 것 같았다.

"하지만 나도 들어올 때는 이 마법사를 보지 못한 것 같은데, 뭔가 이상해요."

땅이는 의심스러운 눈으로 마법사를 바라보다가 갑자기 소리를 질렀다.

"으악, 엄마, 엄마! 석고상의 눈동자가 움직였어요. 나를 바라보고 있다고요!"

"땅이 또 겁먹었구나! 무슨 겁이 그렇게 많아. 이건 그냥 석고상일 뿐이야. 봐, 이렇게 만져도 가만히 있잖아."

하늘이가 보란 듯이 마법사의 망토를 건드리려는 순간이었다. 석고상이 손을 뻗어 하늘이의 손목을 확 잡아챘다.

"조각상을 함부로 만지면 안 되지!"

석고상이 근엄한 목소리로 하늘이를 꾸짖었다.

"으~악!!!!!!!!!!!!!!!!!!!!!"

하늘이와 땅이는 크라이스트처치 칼리지가 떠나가도록 소리를 질러댔다.

"어찌되었든 고맙구나. 너희들이 나를 마법에서 풀어주었다."

"당신은 누구시지요?"

현명해 여사가 놀란 가슴을 진정시키고 말했다. 하늘이와 땅이는 현명해 여사 뒤에 숨어 빠끔히 살아있는 석고상을 바라보았다.

"아, 저는 옥스퍼드를 지키는 마법사 덤블덤블이라고 합니다. 만나서 반갑습니다."

덤블덤블 마법사 역시 현명해 여사가 내민 손에 키스를 했다.

난 덤블덤블 마법사란다.
제트맨의 공격을 받아 석고상이 되었지.
음, 뭔가 수상한
냄새가 난다.

"얼마 전 악당 제트란 놈이 이 옥스퍼드에 나타나 난리를 부리는 통에 혼쭐을 내주려다 그만 제가 마법에 걸리고 말았지 뭡니까."

"진짜요? 덤블덤블 마법사님, 제트맨을 보셨단 말씀이세요?"

"그렇고말고! 정말 악랄한 놈이었어."

"그럼, 우리 대장도 보셨겠네요? 키는 저보다 조금 더 크고, 군것질을 좋아하셔서 배가 많이 나왔어요. 늘 사파리 모자를 쓰고 뿔테 안경도 쓰고 있어요."

"아! 오지랖 대장 말이지? 그럼 만나고말고. 내가 오지랖 대장을 구하려다 이 꼴이 되었는데!"

"진짜요? 대장을 보셨단 말이죠? 대장은 지금 어디 있어요?"

하늘이와 땅이의 눈이 반짝반짝 빛났다. 여행을 시작한 이후에 처음으로 대장을 본 사람을 만난 것이다.

"그런데 그만 저의 실수로 제트맨을 놓쳐버리고 말았지 뭡니까. 오지랖 대장을 구하지도 못하고……."

땅이의 질문에 덤블덤블 마법사는 과장된 한숨을 쉬며 대답했다.

덤블덤블 마법사의 대답에 하늘이와 땅이의 어깨가 축 처졌다. 제트맨이 마법까지 구사하는 악당이라니 대장이 더욱 걱정되었다.

"하지만 덤블덤블 씨. 저는 방금 전에 이 건물에 들어올 때까지만 해도 당신을 본 적이 없는 것 같은데요. 정말 석고상이 된 채로 계속 이 자리에 계셨단 말씀인가요?"

현명해 여사의 질문에 덤블덤블 씨는 호탕하게 웃었다.

"사람의 눈길은 자신의 관심 밖에 있는 것에는 가지 않는 법이지요. 그나저나 오지랖 대장이 가족들을 얼마나 그리워하던지 불쌍해서 못 봐줄 정도였지요."

대장의 소식에 하늘이와 땅이의 눈에는 벌써 눈물이 그렁그렁

맺혔다. 하지만 현명해 여사는 무언가 미심쩍은 듯 질문을 멈추지 않았다.

"덤블덤블 씨, 아니 마법사 님이 제트맨과 싸워 마법에 걸린 게 언제쯤이지요? 제트맨이 마법도 할 줄 아나요? 제트맨은 도대체 왜 대장을 납치한 거죠? 도대체 제트맨은 또 어디로 간 거죠?"

현명해 여사의 끝없는 질문에 당황한 덤블덤블 마법사는 지팡이를 휘휘 저으며 대답했다.

"자, 진정하시지요. 제트맨과 대결한 것은 두 달 전쯤이고, 오지랖 대장을 마지막으로 본 것도 그때쯤이지요. 제트맨은 마법사는 아닙니다. 그저 제가 간발의 실수로 그자의 간교한 계략에 걸려든 것뿐이지요. 제트맨이 대장을 끌고 어디로 갔는지 안타깝게도 알 수가 없습니다."

"그런 것도 모르면서 무슨 마법사에요! 제트맨한테도 당하고, 엉터리야!"

땅이가 안타까운 마음에 소리를 질렀다. 덤블덤블 마법사는 땅이의 눈에서 흘러내리는 눈물을 닦아주었다. 그러자 신기하게도 눈물이 장미꽃잎으로 변했다.

"성격이 불 같다더니 대장의 말이 맞구나. 울지 말아요, 아가씨. 여기 대장이 남긴 힌트가 있으니까."

덤블덤블 마법사가 허공에 대고 뭐라 중얼거리면서 손을 들자, 아무것도 없던 손에 종이 세 장이 나타났다. 덤블덤블 마법사는 그 종이를 땅이의 손에 쥐어주었다.

“엄마! 이거 무슨 티켓 같아요.”

“어디 보자.”

현명해 여사는 티켓을 받아 꼼꼼히 살펴보았다. 그것은 모스크바에서 출발하는 시베리아 횡단열차의 티켓이었다.

“시베리아 횡단열차 티켓은 굉장히 비싸단다. 게다가 우리 식구가 탈 수 있도록 딱 세 장이구나. 덤블덤블 씨, 이걸 어떻게 가지고 계신 거죠?”

현명해 여사는 뿔테안경을 고쳐 쓰며 말했다.

“바로 오지랖 대장이 떠나기 전 내 손에 쥐어준 것이지요.”

덤블덤블 마법사는 윙크를 하더니, 현명해 여사의 손등에 키스하며 작별인사를 했다.

“자, 그럼 제 임무는 다 한 것 같으니, 저는 이만 마법계로 돌아가야겠네요!”

“잠깐만요, 덤블덤블 씨! 존 스미스 씨와는 무슨 관계이지요?”

그러나 덤블덤블 마법사는 대답 대신 ‘펑!’ 하는 소리와 함께 연기 속으로 사라져 버렸다.

"우와! 진짜 마법사인가 봐."

하늘이와 땅이는 마법사가 있던 자리를 맴돌며 입을 다물지 못했다.

"수상해, 수상해! 뭔가 수상한 냄새가 나."

현명해 여사는 덤블덤블 마법사에게 대답을 듣지 못한 것이 억울한지 발을 동동 굴렀다.

"엄마! 그럼, 우리 시베리아로 가는 거예요?"

하늘이와 땅이가 현명해 여사의 눈치를 살피며 조심스럽게 물었다.

"당연하지! 현명해 여사는 절대 지고는 못 참거든. 가자, 시베리아로!"

영국
모스크바
블라디보스토크

Chapter 6

세상에서 가장 긴 철도를 달리다

Date . 3. 16.

바이칼 호를 둘러싼 타이가 삼림은 그야말로 장관이다. 이렇게 추운 기후에서 저렇게 푸르고 건강하게 자라다니! 하늘이 보이지 않을 정도로 빽빽하게 자란 타이가 삼림을 보고 있자니, 자연의 적응력이 다시 한 번 위대하게 느껴졌다. 수정처럼 맑고 깨끗한 바이칼 호에서 잡아 올린 생선을 구워 먹는 맛은 또 어떻고!

– 대장의 일기에서

"엄마, 기차 시간 늦겠어요. 빨리요, 빨리!"

대장의 힌트인 시베리아 횡단열차의 티켓 시간은 이제 겨우 5분밖에 남지 않았는데, 현명해 여사의 커다란 배낭이 이번에도 골칫거리였다. 런던에서 배를 타고 프랑스, 독일, 폴란드, 벨로루시를 거쳐 러시아까지 5개 나라의 국경을 넘을 때마다 커다란 배낭이 문제가 되어 시간을 잡아먹는 통에 기차 시간이 5분밖에 남지 않은 것이다.

하늘이와 땅이가 먼저 기차에 올라타고 현명해 여사는 역상이 깃발을 흔들어 기차 문을 닫는 순간에야 겨우 기차에 몸을 실었다.

"하늘이, 땅이, 치사하게 엄마를 버리고 먼저 가버리다니!"

현명해 여사는 숨을 헉헉 몰아쉬면서 코끝까지 흘러내린 뿔테안경을 고쳐 썼다.

"그러니까 처음부터 배낭이 너무 크다고 말씀드렸었잖아요. 도대체 뭐가 들었길래 그렇게 무거운 거예요?"

"그건 비밀이고, 자꾸 구박하면 후회하게 될 걸! 하여간 우리 자리를 찾아보자. 앞으로 일주일은 이 기차를 타고 가야 하니 좋은 자리여야 할 텐데."

"네에? 일주일이나 기차를 타야한단 말이에요? 여기까지 오는 동안에도 내내 기차만 탔는데! 아이고, 지겨워!"

■ **시베리아 횡단열차**

시베리아 횡단열차는 유럽의 모스크바와 아시아의 블라디보스토크를 잇는 철도로서 총 길이가 9,466km나 됩니다. 이 길이는 우리나라 경부선의 20배가 넘으며, 지구 둘레의 4분의 1에 가까운 거리입니다. 기차가 지나가는 중요한 역만 하더라도 59개나 있으며, 시간대는 7번이나 바뀌는, 말 그대로 세계에서 가장 긴 철도랍니다.

움직이길 좋아하는 하늘이는 벌써부터 좀이 쑤시는 모양이었다.

"엄마 여기는 무슨 글자가 이래요? 우리 자리가 도대체 어디지?"

■러시아 어

러시아 어는 러시아와 독립국가연합(CIS, 러시아 어로 С Н Г)을 구성하는 국가에서 공용어로 사용되고 있습니다. 러시아 어는 영어, 프랑스 어, 에스파냐 어, 중국어, 아랍 어와 더불어 UN의 공용어이기도 하지요. Г, Ж, И, Л, П, Ч, Я 글자들이 알파벳을 뒤집은 것처럼 보이죠? 그러나 이것은 근거 없는 말이라고 합니다.

그동안은 국경을 넘는 기차를 타서 영어로 표기가 되어 있었는데, 이 기차 안에는 온통 요상한 글자로만 안내되어 있었다. 마치 알파벳을 뒤집어 놓은 것처럼 생겨서 처음에는 인쇄가 잘못된 줄만 알았는데, 가만히 보니 알파벳과도 모양이 달랐다.

"어쩌지? 엄마도 러시아 어는 모르는데. 내가 공부할 때만 해도 러시아는 사회주의국가였기 때문에 여행할 꿈도 못 꾸던 나라였거든. 그래서 러시아 어는 배워두지를 않았어."

숫자로 대충 맞춰보면 되겠지 하고 자리를 찾기 시작했지만, 기차의 반도 못 가 지쳐버리고 말았다. 현명해 여사도 너 이상은 무거운 배낭을 메고 있을 수 없어 바닥에 철퍼덕 주저앉았다.

"헥헥 무슨 기차가 이렇게 길데요?"

때마침 나타난 차장 아저씨의 도움이 아니었으면 일주일 내내 기차 복도 신세를 질 뻔했다. 차장 아저씨는 현명해 여사가 내민 티켓을 보더니 기차 맨 끝까지 땅이네 가족을 끌고 갔다. 차장은 현명해 여사의 무릎이 후들후들 떨릴 때쯤에야 객실 문을 열어주었다.

"#*$·@&*·)#(*_@#)(%·_$(*·(*#$&·(*~"

차장은 뭐라고 말하는데 통 알아들을 수 없었다. 땅이 가족은 눈만 껌뻑이다가 객실 내부에 침대가 있는 걸 보고는 환호성을 질렀다. 일주일 동안 어떻게 기차를 타고 가나 내심 걱정했던 것이다.

시베리아 횡단열차를 뒤져라!

"우와! 침대칸은 처음 타 봐요. 생각보다 깨끗하고 넓네요!"

시베리아 횡단열차는 여행객을 위한 편의시설이 잘 갖춰져 있었다. 땅이네 가족 이름으로 예약된 객실은 4인용으로, 2층 침대가 방 양쪽으로 있고, 가운데에는 탁자도 있어 편리했다.

말이 통하지 않으니 달리 할 일도 없는 땅이와 하늘이는 창밖만 구경하다가 곧 질린 듯 투덜거렸다.

"가도 가도 나무만 끝없이 나오네요. 아이고, 지겨워라. 일주일

동안 이렇게 나무들만 보면서 가야 하는 거예요?"

"얘들아, 관찰력을 발휘해서 유심히 봐봐. 너희들이 지겨워 할 만큼 나무들이 다 똑같지? 이 나무들은 타이가라고 하는 냉대 기후에서 자라는 종류란다. 추운 지역에서도 잘 자라는 나무들이지. 어쩌고 저쩌고 주절주절……."

■러시아

러시아의 정식 명칭은 러시아 연방(Russian Federation)입니다. 1991년 구소련이 해체되고 난 후에 새로 붙여진 이름이지요. 수도는 모스크바이구요, 2000년 현재 인구가 약 1억 4천 6백만 명 정도 됩니다. 면적은 1,708km²로 우리나라의 약 78배나 되고, 미국과 비교해도 1.8배나 크다고 합니다. 세계에서 가장 큰 나라죠.
이렇게 넓은 나라이기 때문에 동쪽과 서쪽의 시간차가 무려 11시간이나 난다고 합니다. 동쪽 블라디보스토크에 사는 사람이 밤 12시가 되어 잠을 자려고 하면, 서쪽 모스크바에 사는 사람은 이제 막 그 날의 점심을 먹고 난 후가 된답니다.

현명해 여사의 끝없이 계속되는 설명에 하늘이와 땅이의 눈꺼풀이 스르르 감겼다. 지난 며칠간 기차 편을 옮겨가며 힘든 여행을 한 터라 그럴 만도 했다. 현명해 여사는 하늘이와 땅이가 편하게 잘 수 있도록 자리를 정돈해주고 가만히 창밖을 바라보았다.

"러시아라, 대장도 함께 있었으면 좋았을 텐데……."

하늘이와 땅이가 달콤한 낮잠을 즐기고 눈을 떴을 때, 현명해 여사는 땅이 가방에서 찾아낸 대장의 일기에 푹 빠져 있었다.

"엄마, 아직도 멀었어요?"

"아직도라니? 앞으로도 며칠은 더 달려야 한단다. 어디 보자, 지

우랄산맥

금 기차는 우랄산맥을 지나고 있는 것 같은데?"

엄마의 얘기를 듣고 창밖을 보니 기차는 어느새 산지를 달리고 있었다.

"엄마, 우랄산맥은 굉장히 큰 산맥 아니에요? 아시아와 유럽을 가르는 산맥이라고 배웠는데, 그렇게 높지는 않네요."

"기차를 타고 가다 보면 잘 느껴지지도 않을 정도로 지형이 높지는 않아. 하지만 역사적으로나 심리적으로 우랄산맥은 분명 아시아와 유럽을 구분해주는 지표였단다. 대장이 여기 없어도, 우리가 늘 대장을 믿고 따르는 것처럼 말이지."

현명해 여사는 하늘이와 땅이의 눈을 보며 진지하게 얘기했다.

■ 우랄산맥(Ural Mts.)
유럽과 아시아의 경계인 우랄산맥은 아주 오래 전에 만들어 진 후 계속 침식을 받아서 가장 높은 봉우리조차도 1,894m밖에 안 되는 나지막한 산맥입니다. 한라산이 1,954m이니까 그보다도 더 낮네요. 그래서 시베리아 열차를 타고서도 산맥을 넘는다는 느낌을 받을 수 없습니다. 기차 승객들은 산맥을 지나는지조차 느끼지 못하는 경우가 대부분입니다.

"자, 이제부터 너희에게 미션을 줄 거야. 하늘이는 기차의 맨 앞부터 모든 객실을 수색해. 자리를 찾는 척 하면서 노크하고 들어가면 별일 없을 거야.

어차피 말도 안 통하니까. 땅이는 맨 뒤 칸부터 시작해서 앞으로 나가고, 엄마는 침대칸을 찾아볼게."

현명해 여사는 신속하게 미션을 진행했다.

"우리에게 이 티켓을 준 사람이 아군인지 적군인지는 몰라도 하필이면 이 날 이 기차 티켓을 보낸 건 분명 어떤 이유가 있어서 일 거야. 엄마는 이 기차 안에 제트맨이……, 어쩌면 대장도 타고 있을 거라는 느낌이 들어."

듣고 보니 엄마 말에 일리가 있는 것 같았다. 이 기차 안에 대장을 납치한 범인이 있는 것이다! 현명해 여사와 하늘이, 땅이는 각자 맡은 구역으로 뿔뿔이 흩어졌다.

"엄마, 제가 본 기차 칸에는 대장이 없었어요. 제트맨처럼 보이는 사람도 없었고요. 엄마는요?"

현명해 여사는 고개를 가로저었다. 두 시간 동안 기차 안을 이 잡듯 뒤졌지만 제트맨은 커녕 악당 비슷하게 생긴 사람도 보이지 않았다.

"땅아, 하늘 오빠는? 오빠 못 봤니?"

"아니요. 오빠는 앞에

■슬라브 족
현재 러시아를 비롯한 동유럽의 대다수 주민들이 바로 슬라브 족입니다

서부터, 나는 뒤에서부터 찾았으니까 중간쯤에서 만날 줄 알았는데 아무리 다녀도 오빠는 보이지 않았어요. 혹시, 오빠도 제트맨에게 잡힌 건가? 엄마 어떻게 하죠?"

땅이가 소란을 떨어 현명해 여사까지 혼비백산을 하고 하늘이를 찾아 나서려고 하는 순간, 그제야 하늘이가 객실 안으로 들어왔다.

"하늘아, 지금까지 어디 있었니? 대장을 찾은 거야?"

"아니, 대장은 못 찾았어요. 헤~~ 하지만, 엄마! 드디어 찾은 거 같아요."

"제트맨? 오빠,
제트맨을 찾은 거야?"

땅이의 물음에 하늘이는 무슨 소리냐는 듯한 표정을 짓고는 자랑스럽게 대답했다.

"아니, 그게 아니라. 내 인생의 반쪽을 찾은 거 같아! 내 사랑 아나스타샤요! 얼마나 예쁜데요! 처음 보는 순간 천사가 걸어오는 줄 알았다니까요."

대장을 찾으러 보냈더니 사랑에 빠져서 왔다고? 현명해 여사와 땅이는 어이가 없어 웃음밖에 안 나왔다.

"오빠 때문에 정말 미쳐!"

"우와! 이게 얼마 만에 먹는 라면이야! 햇반까지! 완전 감동이에요."

현명해 여사는 드디어 커다란 가방, 마법의 보따리를 풀었다. 그 안에는 라면, 햇반, 초코파이 등등 맛난 먹을거리들이 잔뜩 들어 있었다.

"오늘 하늘이가 한 짓을 생각하면 쫄쫄 굶기고 싶지만, 오늘이 생일이고 여자친구도 생겼으니까 특별히 봐주는 거야."

현명해 여사는 뿔테안경을 고쳐 쓰며 말했다. 하늘이는 속으로 뜨끔했지만, 아무것도 모르는 아나스타샤는 베시시 웃었다.

"감사합니다! 초코파이 너무 맛있어요."

타이가 삼림

아나스타샤는 서툰 영어로 대답하며 미소 지었다. 뜻밖에도 아나스타샤는 초코파이와 컵라면을 알고 있었다. 지금 러시아에서는 한국의 초코파이와 컵라면이 인기 만점이라고 했다. 하늘이는 아나스타샤에게 점수를

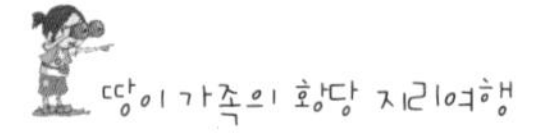

딴 것 같아 괜스레 어깨가 우쭐해졌다.

"저 때문에 지금까지 그렇게 큰 배낭을 메고 다니시느라 힘드셨을 텐데. 감사합니다, 엄마!"

"흠… 솔직히 하늘이 생일이 돌아올 때까지 여행을 할 줄은 몰랐어. 사실은 대장에게 주려고 준비한 건데 대장은 아직 찾지 못했으니 하늘이 생일이라도 축하해줘야지."

그러고 보니 한국을 떠난 지 벌써 여섯 달이 넘었다. 세 식구 중 누구도 여행이 이렇게 길어질 줄 예상하지 못했다.

"11월인데도 숲이 참 푸르구나. 이 숲을 따라 끝까지 달려가면 우리 집까지도 갈 수 있을 텐데……."

그러고 보니 이 기차는 우

■타이가 기후(taiga)

핀란드의 국경 지대에서 시베리아와 캐나다 북부에 이르는 지역에 나타나는 침엽수림을 타이가라고 부릅니다. 또한 타이가는 이런 침엽수림이 나타나는 기후를 일컫는 말이기도 하지요.
이 지역은 세계 최대의 삼림 지대를 이루고 있으며 목재 · 펄프 산업이 발달하였습니다. 동부 시베리아를 제외하고는 거의 상록 침엽수림을 이루고 있으며, 가문비나무, 전나무 등이 가장 많은 종류의 나무입니다.
'펄프'라는 말 들어보셨어요? 펄프는 일종의 섬유질인데, 침엽수에 포함되어 있는 이 펄프 성분이 바로 종이의 원료가 되는 것이죠. 나무들을 잘게 잘라서 약품처리를 하면 이 성분이 빠져 나옵니다. 이 섬유질 성분을 가지고 몇 가지 공정을 거치면 우리가 사용하는 종이가 탄생한답니다. 시베리아 타이가 기후 지역의 나무들은 이러한 종이의 재료로 수출되고 있습니다.
침엽수는 추운 기후에서 자라는 나무들인 만큼 베어낼 정도의 크기로 자라려면 엄청난 시간이 필요합니다. 즉 종이 한 장을 만드는데 수 년 동안 자란 나무들이 필요하다는 얘기죠. 돈을 벌 욕심에 이런 나무를 무조건 베기만 하고 다시 심지 않아서, 지금 시베리아의 침엽수림의 면적은 해마다 줄어들고 있답니다.

랄산맥을 넘어 아시아로, 한국의 집으로 향하고 있었다. 이번에 대장을 찾으면 집에 가기도 쉽고, 참 좋을 텐데…….

"여기 나무들은 대부분 침엽수에요. 상록수들이라 사계절 내내 푸르죠. 여기 이 나무들이 전 세계로 수출되어 종이 원료로 사용되고 있어요."

"아나스타샤! 어쩜 예쁜데다가 똑똑하기까지 하니!"

하늘이는 호들갑을 떨며 아나스타샤에게 온갖 아부를 다했다. 아나스타샤는 물론 현명해 여사와 땅이마저도 그런 하늘이의 모습이 귀엽기만 했다.

한편 엄마가 오빠만을 위해 특별히 먹을거리를 챙겨왔다고 생각해서 살짝 토라져 있던 땅이는, 사실은 대장을 위해 준비한 음식이란 걸 알고 마음이 눈 녹듯이 풀렸다.

"하늘 오빠는 게을러서 잘 씻지도 않고, 공부하는 것도 얼마나 싫어하는데. 아나스타샤, 오빠랑 친구하는 거 신중하게 잘 생각해봐."

병아리처럼 노란 금발머리에 눈처럼 하얀 피부, 호수처럼 파란 눈의 아나스타샤는 땅이의 시샘마저 사라지게 할 만큼 예뻤다. 아무래도 하늘 오빠한테는 너무 과분한데 말이야. 내 친구 정도면 몰라도! 무엇이든 하늘이한테 지고는 못 참는 땅이의 못된 성격이 또

도졌다.

“너 중상모략 하지마라!! 내가 뭐가 게을러! 혼날 줄 알아!”

하늘이와 땅이가 티격태격하는 모습을 아나스타샤는 재미있게 구경했다.

“아휴, 지루해. 엄마, 도대체 이 침엽수림은 언제까지 계속 될까요?”

하루 이틀을 달려도 창밖은 온통 어제와 똑같은 숲 속을 달리는 것만 같았다. 참을성하면 둘째가라 할 만한 땅이였지만, 며칠 째 기차 안에 있는 건 고역이었다. 게다가 하늘 오빠는 아나스타샤하고만 돌아다니느라 땅이와는 놀아주지도 않았다. 흥! 놀아오기만 해봐. 앞으로는 절대 한마디도 안 할 거야!

“조금 더 가면 바이칼 호수가 나올 거야. 바이칼 호수는 시베리아의 진주라고 할 만큼 아름답단다.”

바이칼 호수

"호수요? 예쁘겠다. 얼마나 더 달려야 바이칼 호수가 나와요?"

"한 이틀 정도 달리면 될 걸?"

현명해 여사는 대장의 일기장을 읽으며 무심하게 말했다.

"엑! 이틀이 무슨 조금이에요!"

"시베리아 대륙이 얼마나 넓은데 그래. 바이칼 호수는 바다만큼 넓단다. 아마 호수가 나오게 되면 또다시 지겨워질 정도로 호수만 보일걸?"

"아니, 이 나라는 뭐든 이렇게 다 커요? 아휴, 지겨워. 엄마, 나 화장실이나 다녀올게요."

"응, 다녀오렴. 너도 나간 김에 오빠처럼 친구라도 하나 만들어 오든지."

■시베리아의 진주, 바이칼 호 (Baikal Lake)

바이칼이란 이름의 어원은 이곳 원주민인 부랴트 인(몽고족의 일종으로 우리와 비슷한 풍습과 종교를 가지고 있지요.)들의 언어로 '풍요로운 호수'라는 뜻입니다.
동시베리아 남부에 북동에서 남서 방향으로 길게 뻗어 있는 이 호수는 깊이가 1,620m나 되어 세계에서 가장 깊은 호수입니다. 담수호로도 가장 넓은 면적을 가지고 있다고 합니다.

현명해 여사는 대장의 일기장에 푹 빠져서 땅이가 나가는 데도 본 척 만 척이었다.

화장실에 가려고 객실을 나서는 찰나, 누군가 땅이의

객실 앞을 서성이다가 휙 지나갔다.

"저 사람도 우리처럼 러시아 어를 몰라서 헤매고 있나? 어! 설마…… 대장?"

다음 칸 문을 닫고 사라지는 사람의 뒷모습이 분명 대장이었다. 땅이는 있는 힘껏 달려서 다음 칸으로 갔다. 하지만 거기엔 아무도 없었다.

"분명히 누군가가 지나갔는데, 왜 복도에 아무도 없지? 뭔가 이상해!"

땅이는 대장을 찾아 다시 한 번 열차의 모든 객실을 뒤지기 시작했다. 하늘 오빠가 아나스타샤에 정신이 빠져 제대로 수색하지 않은 게 분명했다. 하여간 내가 오빠 때문에 못 살아!

"맞다, 화장실!"

가만히 생각해보니 아까 대장이 사라진 바로 그 지점에 화장실이 있었다. 더욱 수상한 것은 화장실 문이 잠겨 꼼짝도 안 하는 것이었다. 분명 제트맨이 땅이의 예리한 눈길을 피해 대장을 화장실에 가둬놓고 있는 것이다!

땅이는 아까 대장이 사라진 칸으로 달려가 화장실 문을 세차게 두드렸다.

"대장! 대장! 거기 있는 거죠? 제트맨이 거기에 가둔 거 다 알아

ㅅㅅ!!
대장! 대장!
안에 있는 거죠?
제트맨이 가둔 거 다 알아요!
뭐라고 말 좀 해봐요!! ㅠㅠ
CLOSE

요! 아빠, 뭐라고 소리 좀 질러보세요! 네?"

땅이가 화장실 문이 부서져라 두드려 대고 엉엉 울면서 소리를 지르는 통에 객실에서 사람들이 몰려나왔다. 차장이 다가와 땅이에게 뭐라고 말했지만 무슨 말인지 알아들을 수 없으니 답답할 뿐이었다.

"좀 도와주세요! 우리 아빠가 여기 갇혀있단 말이에요! 네?"

"땅아! 여기서 뭐해?"

하늘 오빠와 아나스타샤가 걱정스러운 눈빛으로 땅이에게 뛰어왔다.

"오빠! 오빠! 이 문 좀 열어봐! 이 안에 아빠가 갇혀 있어! 아까 대장을 봤는데 여기서 사라졌단 말이야. 이 화장실 문이 벌써 몇십 분째 잠겨있어. 그럴 리가 없잖아!"

"땅아, 진정해. 기차가 지금 정류장에 서 있잖아. 이 기차는 원래 정류장에 설 때는 화장실 문을 잠가 놓는다고. 지금 이 안에는 아무도 없어."

아나스타샤가 땅이의 눈물을 닦아주며 웃으면서 말했다.

"하하!! 그런 것도 모르고 이 난리를 쳤단 말이야? 여기 사람들이 널 보면서 얼마나 화장실이 급하면 저렇게 울까 생각했겠다."

"그럴 리가 없어! 분명 대장을 봤단 말이야!"

■시베리아 횡단열차의 화장실 시스템

시베리아 횡단열차는 한 역에 멈추면 약 20분 정도 있다가 출발합니다. 그럴 땐 차장이 화장실 문을 잠그고 열어 주지 않습니다. 멈추기 한 10분 전에 잠갔다가 출발하고 한 10분 있다가 문을 열어 주지요. 그래서 잘못 시간을 맞추면 40~50분 동안 대소변을 참아야 하는 불상사가 벌어지기도 합니다.

이렇게 차장이 화장실 문을 잠그는 데는 이유가 있습니다. 열차의 화장실에서 볼일을 보면 그냥 철로로 내려가기 때문이지요. 열차가 빠른 속도로 달리면 배설물이 그대로 분해되도록 화장실을 만들었답니다. 그래서 멈추었을 때에는 볼일을 보면 안 되는 거였지요. 시베리아 횡단 열차가 달릴 땐 절대 근처에 가면 안 되겠죠? 똥 튀니까!

결국 땅이와 하늘이, 아나스타샤는 다시 기차가 움직이기 시작하고 화장실 문이 열릴 때까지 화장실 앞을 지켰다. 하지만 아나스타샤 말처럼 안에는 아무도 없었다.

"말도 안 돼! 이게 다 오빠 때문이야! 오빠가 아나스타샤랑 노느라고 제대로 둘러보지도 않아서 그렇잖아! 대장은 분명히 이 기차 안에 있는데……."

땅이는 창피하기도 하고 약이 올라서 더욱 고집을 피웠다.

"땅이, 오빠한테 그게 무슨 말버릇이야! 어서 사과해라. 아나스타샤한테도!"

때마침 나타난 현명해 여사가 땅이를 나무랐다. 엄마는 아무것도 모르면서 정말 너무하셔! 땅이는 눈물이 글썽글썽해서 객실로 뛰어 들어갔다.

"땅아, 이젠 화장실 안 가고 싶어? 얼른 다녀와. 조금 있으면 정거장에 선단 말이야."

하늘이는 질리지도 않는지 계속 화장실 소동을 우려먹으며 땅이를 놀려댔다.

"난 재미없거든. 그만 좀 하라니까! 한번만 더 해봐. 어떻게 되나!"

"아니, 난 또 네가 화장실 문 열어달라고 질질 짤까 봐."

"오빠!!!"

땅이는 하늘이에게 베개를 던지고 싸울 태세로 덤벼들었다. 덩치야 하늘이가 훨씬 컸지만, 땅이의 꼬집기와 깨물기 실력도 만만치 않았다.

"얘들아, 조용! 처음부터 생각을 다시 해보자. 우리가 중요한 것을 하나 잊고 있던 것 같아."

아까부터 창밖을 보며 생각에 잠겨 있던 현명해 여사가 뿔테안경을 고쳐 쓰며 말했다. 이럴 줄 알았다. 엄마라면 대장이 기차 안 어딘가에 감금되어 있다는 땅이의 말을 믿어줄 줄 알았다.

"누군가가 하필이면 이 기차, 이 객실을 예약해둔 건 분명 이유가 있어서일 거야."

"그래서 지난 며칠간 기차를 이 잡듯이 뒤졌잖아요."

"한 군데 빠진 곳이 있지. 바로 이 객실 말이야. 하필이면 이 객실에 자리를 배정한 건 여기에 무언가 있기 때문이 아닐까?"

설마 대장이 이 객실 안에 갇혀 있을 리는 없을 텐데……. 하늘이와 땅이는 엄마의 추리에 반신반의하며 객실 안을 뒤지기 시작했다. 침대와 선반 구석구석을 뒤지고 있는데 갑자기 하늘이가 소리를 질렀다.

"엄마, 땅아, 이것 보세요!! 이 쪽지가 여기 침대 아래쪽에 붙어 있었어요. 바로 대장 글씨에요! 이런데다가 숨겨두다니, 대장은 역시 머리가 좋아!"

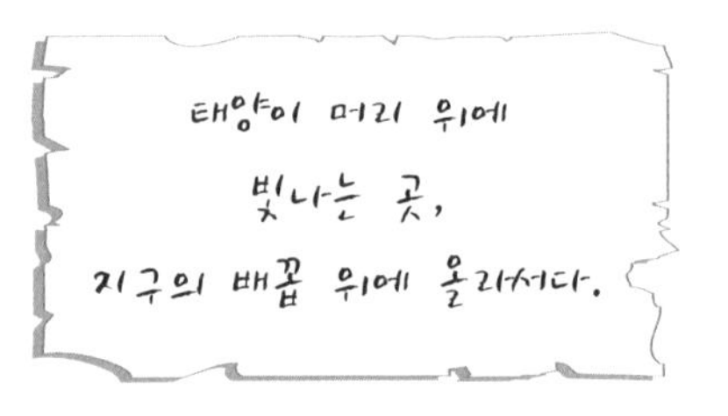

땅이는 얼른 쪽지를 빼앗아 읽어보았다. 분명 대장의 글씨가 맞았다.

"태양이 머리 위에 빛나는 곳, 지구의 배꼽 위에 올라서다? 이게 무슨 소리에요? 또 수수께끼인 것 같아요!"

땅이는 대장을 찾지 못하고 또다시 아리송한 힌트를 만나게 되자 울상이 되었다. 이 열차의 종점인 블라디보스토크에 내리면 한국까지 비행기로 몇 시간 밖에 안 걸리는데, 이번에도 집에 가기는 그른 것이다.

현명해 여사는 쪽지를 받아들고 한참을 고민하다가, 무슨 생각이 났는지 갑자기 대장의 일기를 펼쳐들었다.

"바로 이거야! 감히 이 현명해 여사를 속이겠다고? 잡히면 가만두지 않겠다!"

"엄마, 알아내셨어요? 어디에요? 태양이 머리 위에 빛나는 곳이?"

뿔테안경을 고쳐 쓰는 현명해 여사의 눈빛이 반짝반짝 빛났다.

"우리의 다음 목적지는 페루야. 정확히 말해 페루의 쿠스코지. 엄마가 아빠하고 결혼하기 전에 꼭 가보고 싶었던 곳이야. 흠, 그땐 그랬었지……. 하여간, 러시아에서 다시 페루로 날아가려면 일정이 빡빡하겠구나. 다들 정신 똑바로 차리고, 다시 여행을 시작하자."

"네!!!"

"……."

그런데 하늘 오빠가 아무 대답도 없이 시무룩한 것이 아닌가?

"그럼, 이제 아나스타샤와 헤어져야 하는 거죠? 저, 아나스타샤와 작별인사 하고 올게요."

하늘이는 어깨까지 축 처져서 아나스타샤를 찾아 밖으로 나갔다.

"도무지 남자들이란 이해를 할 수가 없다니까!"

현명해 여사와 땅이는 한숨을 쉬며 짐을 챙기기 시작했다.

블라디보스토크

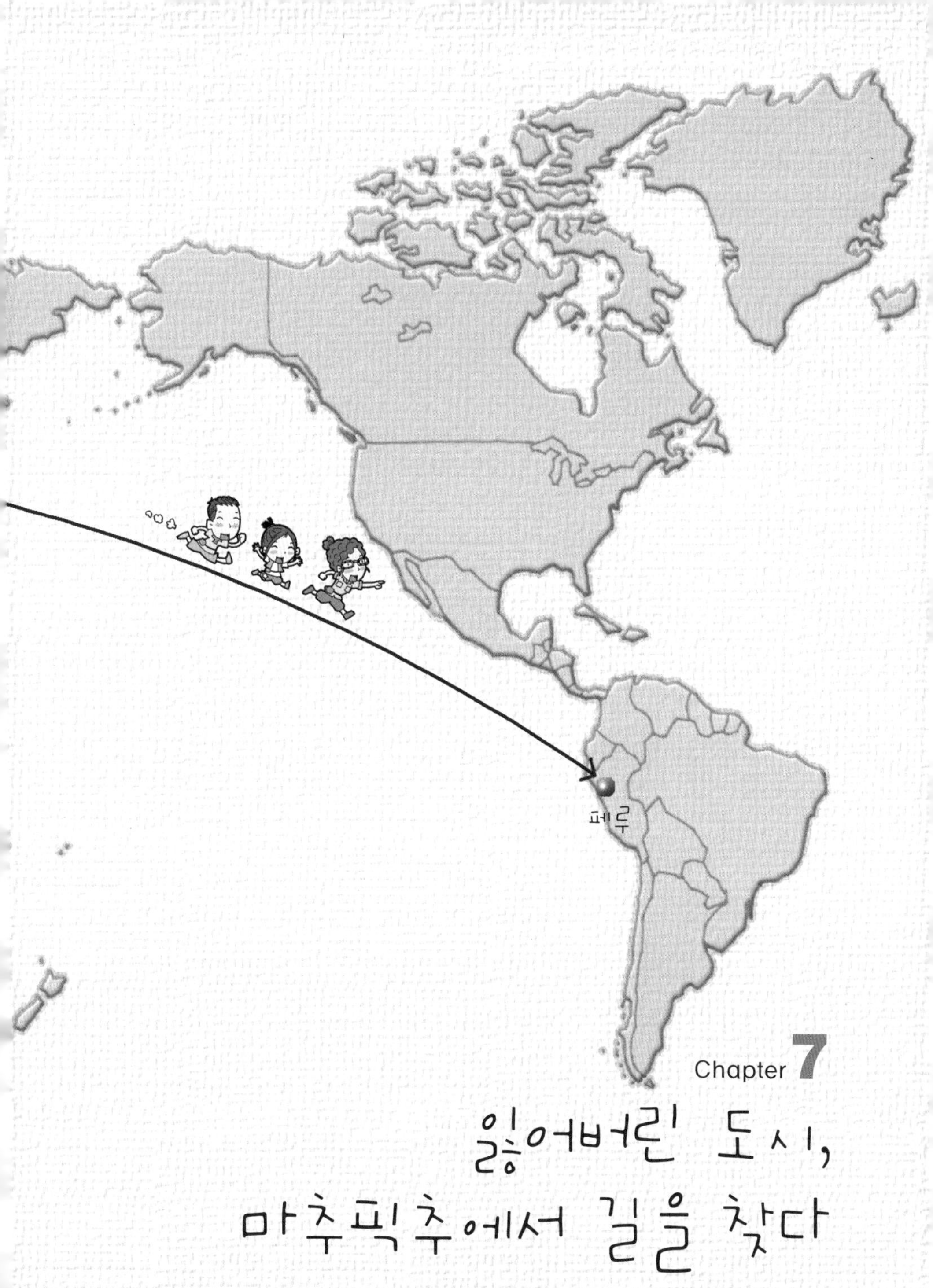

Chapter 7

잃어버린 도시, 마추픽추에서 길을 찾다

Date . 1. 5.

그 어떤 여행보다 힘들었던 여정이다. 고산병으로 몇 번이나 죽을 고비를 넘기고서야 겨우 이곳 고산지대의 자연에 적응할 수 있었다. 처음에는 도대체 왜 이렇게 높은 곳에 도시가 있는 건지 이해가 되지 않았지만, 리마와 나스카의 더위를 생각하면 왜 그 옛 조상들이 고산병을 감수하고라도 고산지대로 올라와 살았는지 알 것 같다. 고산병만 이겨낸다면 이 지대의 선선한 공기는 천국의 바람과도 같으니까.

— 대장의 일기에서

페루, 태양이 머리 위에 뜨는 곳

"태양을 피하고 싶어서~ 아무리 달려 봐도~ 쓰읍~ 하~"

하늘이는 비행기에서 내려서부터 계속 비의 노래를 부르며 춤을 추었다. 사람들 보기 창피해서 계속 눈치를 주는데도 기분이 좋은지 하늘 오빠는 도대체 한시도 가만히 있지를 않았다.

"엄마, 대장의 힌트처럼 정말 머리 위에 태양이 있어요!"

"아나스타샤랑 헤어진다고 기운 빠져있을 때는 언제고, 금방 그렇게 히죽거리냐? 하여간 남자들은 믿으면 안 된다니까!"

"헤헤, 너한테만 말해주는 건데, 스무 살이 되면 아나스타샤랑 같이 시베리아 횡단열차를 다시 타기로 약속했다고. 태양을 피하고 싶어서~ 쓥~ 하~"

하늘이는 느끼하게 윙크까지 해보이고는 다시 노래 부르기에 여념이 없었다. 그래서 그렇게 기분이 갑자기 좋아진 거야? 어이없어

■태양의 고도

지구의 북반구와 남반구에서 각각 위도 23°27′이 되는 곳을 회귀선이라고 합니다. 북반구의 것은 북회귀선, 남반구의 것은 남회귀선.
지구가 기울어진 상태로 공전을 하기 때문에 태양이 지구를 수직으로 비치는 곳은 적도를 비롯한 남북 회귀선 사이입니다. 하지에는 북회귀선에서, 동지에는 남회귀선에서 태양이 바로 머리 위에 옵니다. 따라서 남북 회귀선 사이에 사는 사람들은 1년 중 태양이 머리의 바로 위에 올 때를 경험하게 되지요.
우리나라는 북반구의 38° 부근에 위치하기 때문에 바로 머리 위에 있는 태양을 볼 수 없겠죠?

서! 어디 스무 살만 돼 봐! 엄마한테 일러서 절대 여행 못 가게 해줄 테니까!

"하늘이, 땅이, 이번에는 덥다고 칭얼대지 않네?"

블라디보스토크에서 페루의 수도 리마까지 24시간이 넘게 날아왔는데 힘들다고 투덜대지도 않았다.

"이 정도야 이골이 났는데요, 뭐. 사실은 오는 길에 페루에 관한 책을 읽어뒀거든요. 페루는 우리나라와는 반대로 12월부터 4월까지가 여름이라면서요? 그래서 반팔 옷도 벌써 준비해뒀다고요. 짜잔!"

걸치고 있던 옷을 벗어 배낭에 넣고 모자를 꺼내 쓰자, 금방 더운 지역 여행 차림으로 변신 완료!

비록 땅이가 아끼던 보라색 바비 가방은 얼룩덜룩 지저분해졌지만, 이제는 더 이상 가방이 더러워질까봐 신경 쓰지 않아도 돼서 차라리 마음이 편했다.

"우리 아들 딸, 이젠 탐험가가 다 되었네."

지금 보니 하늘이는 지난 몇 개월 사이에 키가 부쩍 자랐고, 매일 책만 읽던 땅이도 까맣게 그을려서 훨씬 건강해 보였다. 전 같으면 '더워! 더워!' 를 외치며 투정부터 부렸을 텐데.

현명해 여사는 하늘이와 땅이의 달라진 모습에 마음이 뿌듯했다.

"엄마, 우리 쿠스코로 가는 거 맞지요? 그것도 책에서 찾아 봤어요. 잉카 제국 사람들이 쿠스코를 배꼽이라고 불렀다는 것. 힌트에 적힌 지구의 배꼽이라는 곳이 쿠스코 맞지요?"

"아! 나도 같이 읽었는데 난 왜 눈치 못 챘지? 그런 뜻이 있었구나! 땅이 대단한데!"

하늘 오빠의 감탄에 땅이는 우쭐해졌다. 그래서 공부를 해야 하는 거라고! 메롱!

"맞아, 우리는 쿠스코로 갈 거야. 하지만, 그 전에 들를 곳이 있단다. 바로 나스카야."

"우와! 엄마, 정말요? 전부터 진짜 가보고 싶었는데! 근데요, 대장을 구해야 하는데 구경하다가 시간이 늦어

■페루

페루의 정식 명칭은 페루공화국(Republica del Peru)이며, 면적은 128만km², 인구 2,340만 명으로 이루어져 있습니다. 수도는 리마이고 과거 에스파냐의 지배를 받아서 에스파냐어를 사용하고 대부분이 가톨릭을 믿습니다.

페루는 북쪽으로 에콰도르 · 콜롬비아, 동쪽으로 브라질, 남동쪽으로 볼리비아, 남쪽으로 칠레와 국경을 접하고 서쪽으로는 태평양에 접해 있습니다. 해안 지역에는 사막 기후가 나타나지만 안데스 산지 지역에서는 고산 기후가 나타나 잉카 문명이 찬란하게 꽃을 피웠습니다.

지면 어떻게 해요?"

"어차피 쿠스코로 가는 길목에 있는 도시야. 페루까지 왔는데 세계 10대 불가사의인 나스카를 보지 않는 건 말이 안 되지. 대장 문제는 엄마가 해결할 테니까 걱정하지 마."

현명해 여사의 호언장담에 하늘이 얼굴에 희색이 돌았다. 실은 페루에 관한 책을 읽는 동안 대장의 힌트에 대한 정답도 생각하지 못할 정도로 나스카 그림의 미스터리에 푹 빠졌던 것이다.

나스카의 미스터리

"이 비행기도 떨어지는 것 아닐까요?"

리마에서 장장 8시간이나 달려온 땅이 가족을 기다리고 있는 것은 '사하라 사막의 독수리호' 보다 더 작은 경비행기였다. 세계 10대 불가사의 중 하나인 나스카 사막의 그림은 그 크기가 너무 커서 비행기를 타고 하늘 높이 올라가서 봐야 그림을 제대로 감상할 수 있다는 것이다.

"그래도 독수리호보다는 최신식처럼 보이는데, 뭐. 솔직히 이젠 겁도 안나."

나스카 라인(Nazca lines)

하늘이가 제일 먼저 비행기 안으로 뛰어 들어가고, 땅이와 현명해 여사가 뒤를 따르자 드디어 비행기가 이륙했다. 비행기는 생각보다 빨라서 2, 3분 정도 올라가니 금방 시야가 탁 트여 꿈에 그리던 나스카의 그림을 볼 수가 있었다.

"우와! 고래, 고래다! 저건 원숭이 같아!"

하늘이와 땅이는 서로 거미다, 개다 하면서 그림을 알아맞히기에 바빴다. 선이 복잡해서 뭐가 뭔지 잘 알 수 없는 그림들도 많았는데, 그럴 때는 서로 UFO다, 63빌딩이다 하면서 자기 말이 맞는다고 티격태격했다.

"엄마, 도대체 누가, 왜, 이런 그림을 그렸을까요?"

땅이가 눈을 반짝거리며 물었다.

"외계인에게 보여주기 위해서 그린 거라니까! 아니면 이런 그림을 그릴 필요가 없지!"

하늘이가 아는 척을 했다.

"2,000년 전의 사람들이 왜 이런 그림을 그렸는지 알기는 힘들단

다. 어떤 사람들은 우주인들에게 보여 주기 위해 그렸다고 하고, 어떤 사람들은 우주인들이 그렸다고도 한단다. 하지만 확실한 것은 이 그림들이 이 지역의 극도로 건조한 기후 때문에 지금까지 남아있을 수 있었다는 거야. 비가 자주 오지 않기 때문에 자갈과 흙들이 떠내려가거나 침식되지 않고 남아있는 거지. 누군지는 모르지만, 2,000년 후에도 자신의 그림이 남아있을 걸 알고 있었으니 분명 매우 똑똑한 사람들이었을 거야."

"우와! 엄마는 역시 모르는 게 없어!"

하늘이와 땅이는 엄마의 해박한 지식에 다시 한 번 놀랐다.

"이 정도를 가지고 뭘! 엄마도 어릴 때부터 나스카의 그림을 꼭 한번 보고 싶어서 공부를 좀 했던 것뿐이야. 오늘에서야 드디어 소원을 풀었네."

"근데 엄마, 전부터 물어보고 싶었는데 엄마는 왜 대장 같은 탐험가가 되지 않으셨어요? 5개 국어나 할 줄 알고, 이렇게 각 지역에 관해 공부도 많이 하셨잖아요."

■나스카의 사막

6세기 무렵 그러니까 지금으로부터 2,000년 전에 나스카에 살던 사람들은 무슨 의미로 하늘 높이 올라가서 봐야만 알아 볼 수 있는 이런 그림들을 그렸을까요? 그림 그리기에 적합한 환경인 아타카마 사막이 있었기 때문일까요?

먼저 이곳에 왜 사막이 형성되었을까 알아봅시다. 남아메리카의 열대 지방에서는 대서양으로부터 불어오는 습윤하고 따뜻한 무역풍이 아마존 분지를 지나 안데스 산지를 타고 상승하면서 안데스 산지 동쪽 기슭에 많은 비를 내립니다. 그리고는 안데스 산지를 넘어 태평양쪽 사면으로 불어 내려갈 때에는 고온 건조해집니다. 이 바람과 연안을 흐르는 한류의 영향으로 비구름이 만들어지지 않아 페루와 칠레 북부의 태평양 연안은 비가 거의 오지 않는 사막으로 변하게 되었습니다.

아타카마 사막에는 태어나서 성인이 될 때까지 하늘에서 빗방울이 떨어지는 것을 한 번도 본 적이 없는 사람도 적지 않다고 합니다. 그런 곳에 사는 사람은 비가 올 때 이렇게 말하겠죠? '나 참, 오래 살다 보니 비 올 때도 있네.'

"그래, 엄마의 꿈도 탐험가였단다. 세계의 구석구석을 돌아다니며 책에서만 본 것들을 직접 보고, 많은 경험을 하고 싶었지. 대장이랑 결혼을 하고 너희를 키우면서 꿈을 접기는 했지만…….

그래도 괜찮아. 엄마한테는 이렇게 소중한 하늘이랑 땅이가 있으니까."

현명해 여사는 뿔테안경을 매만지며 창밖을 내다보았다. 하늘이와 땅이는 엄마가 그토록 보고 싶어하던 나스카 라인을 바라보는 것을 방해하지 않기 위해 조용히 하기로 했다.

2,000년 동안이나 변함없이 제자리를 지키고 있는 나스카 사막을 하늘이와 땅이도 숙연한 마음으로 말없이 바라보았다.

"아휴! 머리 아파! 냄새가 얼마나 많이 나는지 정말이지 죽을 뻔했어요."

장장 18시간 동안이나 버스를 타고 땅에 발을 내리자 땅이는 다리에 힘이 다 풀렸다.

"그러니까 이거 씹으라니까. 로카가 이거 씹으면 머리 안 아프다고 했어."

하늘이는 버스에서 만난 친구 로카에게서 얻은 나뭇잎을 땅이에게 건넸다. 하지만 땅이는 본 척도 하지 않았다.

"뭔지도 모르는데! 게다가 그 애 손 봤어? 한 달은 안 씻은 것처럼 완전 새까맣던데, 그 손으로 만지작거리던 걸 어떻게 먹어!"

이번에는 기어코 땅이가 현명해 여사의 꿀밤을 맞고야 말았다.

"친구가 주는 성의를 그렇게 생각하면 안 되지. 땅이 많이 큰 줄 알았는데 실망스러운걸."

코카나무

■만병통치약 코카 잎

오늘날 안데스의 원주민들에게는 코카나무 잎이 일상적으로 이용되고 있습니다.
우선 코카나무의 잎을 따서 석회와 함께 씹어 먹게 되면 일종의 흥분제 역할을 해서 오랫동안 아무것도 먹지 않고 일을 할 수도 있으며 먼 거리를 달려도 피로를 모른다고 합니다.
또 고산병에 시달릴 때에도 이 나뭇잎을 씹어 먹게 되면 효과를 볼 수 있다고 해요. 뜨거운 물에 코카 잎(또는 코카 잎을 찐 것)을 우려 낸 차를 마셔도 좋다고 하네요.
하지만 코카나무의 잎은 마약의 일종인 코카인의 원료로 쓰이기 때문에 국외 반출은 엄격히 금하고 있습니다.

"하지만……. 엄마도 안 드셨잖아요."

"그건 머리가 별로 아프지 않아서 그런 거였고. 봐, 여기 사람들 전부 이 나뭇잎을 씹고 다니잖니. 로마에 가면 로마법을 따라야지. 씹지 않을 거면, 더 이상 머리 아프다고 엄살하지 않기다."

현명해 여사는 하늘이에게서 나뭇잎을 받아 씹으며 말했다. 한동안 투정 한번 없이 대견스러웠는데, 누가 땅이 아니랄까봐 또 까다롭게 굴었다.

'흥! 절대로 아프다고 얘기하지 않을 거야. 저런 이상한 걸 씹느니 차라리 머리 좀 아프고 말지.'

땅이는 불만에 차 입술을 씰룩거리며 저만치 걸어가 버렸다.

"헉, 헉, 엄마, 오빠! 좀, 같이 가!"

땅이는 얼마 가지 않아 엄마와 하늘이에게 추월당하더니, 결국 항복을 선언했다. 얼마 걷지도 않았는데 숨이 차고 다리도 무거워

걸을 수가 없었던 것이다.

"그러게 평소에 운동을 좀 하지. 매일 방에서 책만 보니깐 약골이 다 됐잖아."

여전히 쌩쌩한 하늘이는 땅이를 부축하며 말했다.

"나 약골 아니거든? 내가 약골이면 그동안 사막이며 런던, 스페인 여행을 어떻게 견뎠겠어? 이 도시가 이상한 것 같아. 나랑 안 맞나봐. 이상하게 기운이 빠져."

"그래. 땅이가 약한 게 아니라 이곳이 고지대라 산소가 희박해서 그런 거야. 평소에 멀쩡했던 사람들도 이곳에 오면 고산병에 걸려서 심한 경우에는 목숨까지 잃기도 한단다."

■쿠스코의 고산 기후

땅이네 가족이 도착한 쿠스코는 해발 고도 3,360m, 안데스의 고지대에 위치한 고대 잉카 제국의 수도랍니다. 잉카 언어인 케추아 어로 '배꼽'이라는 뜻을 가진 쿠스코는 수많은 잉카의 문화유산이 남아있고, 남미 안데스 인디오들의 삶을 가장 잘 느낄 수 있는 곳이기도 하지요.

이 쿠스코가 위치해 있는 안데스 산맥은 지각을 이루는 커다란 두 개의 지각판이 서로 충돌하면서 한 쪽이 밀려 올라가 높은 산맥이 되었답니다. 서로 충돌하는 지각판 사이에서는 화산과 지진의 활동이 활발하게 일어나겠죠? 실제로 1985년에 콜롬비아의 네바다델루이스 화산이 폭발하여 눈 깜짝할 사이에 24,000명이 생매장 되었던 사건도 있었답니다.

이렇게 산이 높다보니 산 아래와 꼭대기의 기후 차이가 큽니다. 안데스 산지는 위도 상으로는 열대 기후 지역에 속하지만 고도 100m 상승에 기온이 약 0.5℃ 정도 낮아지므로, 2,000~4,000m의 이 곳 고산 지대에서는 늘 봄과 같은 고산 기후가 지속되어 주민들이 거주하기에 유리합니다. 그래서 안데스의 사람들은 산 아래의 열대 기후에 살지 않고 대부분 살기 딱 좋은 산 중턱에 살지요. 고대 문명도 여기서 싹텄고, 현재의 큰 도시들도 모두 이곳에 분포하지요.

그렇지만 고도가 높다보니 공기의 양이 부족하겠죠? 그래서 조금만 걸어도 숨이 차고 머리가 아픈 것이랍니다.

"헉! 죽기도 해요? 오빠, 로카가 준 코카 잎 좀 주라."

하늘이는 그럴 줄 알았다는 듯 씨익 웃으며 남은 코카 잎을 땅이에게 주었다.

"그런데 사람들은 왜 이런 높은 곳까지 올라와 사는 거예요? 평지에 살면 산소도 많고 좋잖아요."

"기온 때문이야. 여기 공기가 리마나 나스카보다 훨씬 시원하지 않니? 고산지역은 평지보다 기온이 낮아 사람들이 살기에 적합하단다. 사람은 환경에 잘 적응하는 편이라 며칠만 견디면 어지럼증 같은 것도 느끼지 않게 되지."

이 어지럼증을 며칠이나 견뎌야 한다는 말에 땅이는 코카 잎을 씹으면서도 왠지 머리가 더 아파오는 것 같았다.

세르파를 만나다

"엄마, 도대체 어디로 가는 거예요? 여기가 지구의 배꼽이라고 하는 쿠스코잖아요."

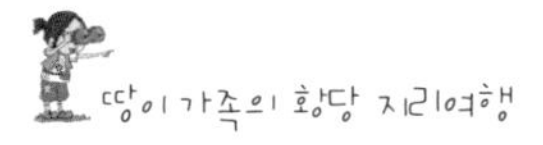

“여기서 조금 더 들어가면 마추픽추가 있단다. 대장이 쿠스코를 지목한 건 마추픽추 때문일 거야. 잉카 트레킹을 할 거니까, 하늘이하고 땅이도 마음 단단히 먹으렴.”

“우와! 진짜 마추픽추요? 정말 가보고 싶었는데!”

하늘이는 마추픽추란 소리에 하늘을 날 것처럼 방방 뛰어댔다. 땅이는 마음을 단단히 먹으란 말에 겁을 먹고 조심스럽게 물었다.

“잉카 트레킹이 뭔데요?”

“그렇게 어려운 건 아니고, 마추픽추까지 걸어가는 거야. 한 3박 4일 정도? 평지가 아니라 산간지대 등반이기는 하지만, 땅이 체력 정도면 거뜬하지?”

“그럼요. 대장 찾아 가는 건데…….”

현명해 여사가 뿔테안경을 고쳐 쓰며 말하자 땅이는 울며 겨자 먹기로 대답했다. 방금 전에 하늘 오빠한테 약골이 아니라고 바득바득 우긴 것도 있어서 투정을 할 수도 없었다.

“우와! 근데 엄마 여기 우리나라 사람들이 여행을 많이 오나 봐요. 이 팀만 해도 절반 이상이 우리나라 사람들이네요. 안녕하세요!”

하늘이는 설레발을 치며 여기저기에 인사를 했다. 하늘이의 인사에 사람들도 덩달아 즐겁게 인사를 했는데, 들어보니 우리나라

■안데스의 원주민들

안데스 산지에 사는 원주민들은 우리와 같은 몽골 인종이랍니다. 이 원주민들은 빙하기에 유라시아 대륙과 아메리카 대륙이 베링 해로 연결되었을 때, 유라시아 대륙에서 건너간 사람들이라고 합니다. 아기들의 엉덩이에는 우리와 같은 몽고반점도 있답니다.

말이 아니었다.

"#*·%#*&)#%!"

"어, 우리나라 사람들이 아니었네? 생긴 모습은 꼭 우리 동네 아저씨처럼 생겼는데."

"저분들은 여행자가 아니라 여기 사는 원주민들이야, 셰르파라고. 우리가 잉카 트레킹하는 걸 도와주실 분들이지."

"우와! 그럼, 트레킹 전문가들이시네요? 하이, 굿모닝!"

하늘이는 창피하지도 않은지 이번에는 영어로 인사를 하면서 돌아다녔다.

셰르파

땅이가 따라다니면서 보니 셰르파 아저씨들은 길을 안내해주는 가이드들이었다. 일반 가이드와 다른 점은 여행객의 짐을 들어주는 짐꾼 역할까지 하는 것이었다.

"여기 라푸가 우리를 안내해줄 셰르파야. 하늘이랑 땅이는 라푸 말 잘 들어야 해, 알았지?"

현명해 여사는 꼭 옆집 오빠처럼 생긴 청년 한 사람을 하늘이와 땅이에게 소개

했다. 땅이는 후줄근한 옷에 슬리퍼 차림의 셰르파가 제대로 가이드를 해줄 수 있을지 내심 걱정이 되었다.

하지만 동네 오빠처럼 친근하게 생긴데다 배낭까지 들어주니 땅이는 단박에 라푸가 좋아져 오빠라고 부르며 좇아다녔다. 하늘이도 라푸와 친해지고 싶어서 라푸의 주변을 맴돌았다. 그럴 때마다 말수가 적은 라푸는 씨익 웃기만 했다. 트레킹 내내 하늘이와 땅이는 누가 더 라푸와 더 친한지 내기하느라 바빴다.

■ 트레킹을 도와주는 셰르파(Sherpa)

잉카 트레킹에서 빼놓을 수 없는 사람들이 바로 셰르파들입니다. 이 사람들은 대부분 현지에 사는 인디오들인데요, 트레킹을 하는 관광객들의 짐도 들어주고, 식사와 잠자리를 책임져 줍니다. 트레킹 가격에는 이들에게 지불하는 돈이 포함되어 있지요.

이들은 산소가 적은 고산 기후와 지형에 적응이 잘 되어 있기 때문에 슬리퍼만 신고도 안데스를 날아다니듯이 달린답니다.

"우와! 라푸, 여기 정말 멋져요! 뷰티풀! 뷰티풀!"

하늘이와 땅이는 트레킹을 하는 내내 입을 다물지 못했다. 한 고개, 한 고개를 넘을 때마다 펼쳐지는 안데스 산맥의 경치는 그야말로 한 폭의 그림 같았다. 그동안 운동이라면 질색을 하던 땅이도 오랜 여행 덕분에 생각보다 가볍게 산을 오를 수 있었다. 물론 힘은 들었지만, 얇은 슬리퍼를 신고 귀신처럼 산을 잘 타는 라푸를 보니 더욱 열심히 쫓아갈 수밖에 없었다.

"근데 라푸 오빠! 오빠는, 아니 셰르파들은 슬리퍼만 신고도 어쩜 그렇게 산을 잘 타요? 한번 미끄러지지도 않고. 정말 대단해요!"

라푸는 땅이의 칭찬에 기분이 좋아졌는지 활짝 웃으며 말했다.

"약따파따!"

라푸가 가리키는 쪽을 보니 안개가 잔뜩 끼어 있었다.

"에? 또 안개야? 길 잃어버리면 안 되는데."

안 그래도 흐린 날을 싫어하는 하늘이는 런던에서 그날의 소동 이후로 안개라면 질색을 했다.

"바보! 저건 안개가 아니라 구름이야. 산 정상에 낀 구름! 우리가 높이 올라와 있어서 구름이 안개처럼 보이는 것뿐이지."

땅이는 라푸 오빠한테 잘 보이고 싶은 욕심에 아는 척을 했다. 라푸가 고개를 끄덕이자 땅이는 한 번 더 우쭐댔다.

"약따파따는 해발 2,840m에 위치하는 마을이야. '언덕에 있는 마을' 이란 뜻이라고 하는구나. 산 아래쪽에서 볼 때 구름이 산 중턱에 걸려있을 때가 있지? 지금 우리는 그 구름 속을 지나가고 있는 거야."

현명해 여사가 뿔테안경에 낀 습기를 닦으며 말했다.

"아하, 바로 이런 곳에서 산신령이 나오는 거죠? 페루에는 산신령 없나? 크크."

"산신령은 모르겠지만, 여기 사람들도 안데스 산맥에 경외심을 가지고 있단다. 이런 깊은 산속에 도시를 세운 건 어쩌면 신령스러운 산의 정기를 받기 위해서인지도 모르지."

약따파따를 지나 첫 캠핑장에 도착하니 벌써 해가 지기 시작했다. 그리고 기온도 급격히 내려갔다. 러시아에서 입었던 파카를 도로 꺼내서 입어야 할 정도였다. 낮에는 햇살이 따가워서 반팔도 입지 못할 정도인데 밤이 되니 이가 '다다다닥~' 소리가 나게 부딪치도록 추웠다.

"엄마! 셰르파들이 너무 불쌍해요. 이렇게 추운데 옷차림도 너무 가볍고, 슬리퍼만 신고. 라푸 오빠 발 좀 보세요. 완전 상처투성이에요."

트레킹 내내 자신을 챙겨준 라푸 오빠가 불쌍해서 땅이는 눈물을 글썽였다. 현명해 여사는 땅이의 눈물을 닦아주며 말했다. 쿠스코에 처음 왔을 때만 해도 사람들과 잘 어울리지 않았었는데, 라푸를 이렇게 걱정하는 땅이가 현명해 여사는 대견스러웠다.

"사람들은 모두들 자신의 환경에 맞춰 살게 되어 있단다. 인간만큼 환경을 이용하고 적응하고 사는 동물도 없을 만큼. 우리에겐 견디기 힘든 추위지만, 저 사람들은 이런 기후에 익숙해 있으니 괜찮을 거야. 걱정하지 마. 그보다 엄마 배낭에 있는 연고를 가져다가 라푸 오빠 발에 발라주겠니?"

현명해 여사의 제안에 땅이는 발딱 일어나 연고를 가지고 라푸에게 뛰어갔다.

"라푸 오빠, 하늘 오빠, 나 가슴이 너무 답답해. 눈알도 빠질 것 같고!"

어떻게든 참아보려고 했는데 눈앞이 핑핑 돌아서 더 이상 참지 못하고 땅이가 소리쳤다. 처음엔 신나게 노래까지 부르면서 씩씩하게 올라갔지만, 숨이 차는지 점점 뒤로 처지더니 결국에는 주저앉고 만 것이다. 전처럼 또 머리가 아팠는데, 이번엔 깨질 것처럼 아파왔다. 아침부터 속이 울렁거리는 통에 제대로 먹지도 못했는데, 그것마저 다 토해버리고 나니 일어설 기운조차 없었다.

"아무래도 고산병 같구나. 라푸, 이걸 어쩌지?"

현명해 여사는 땅이를 안아 이마를 짚어보았다. 온몸이 불덩이처럼 뜨거웠다.

"헉! 고산병이요? 그건 죽을 수도 있는 병이라고 했잖아요? 엄마, 땅이 죽는 거예요?"

하늘이 얼굴이 하얗게 질렸다.

"헉, 헉, 엄마 미안해요. 나 때문에 시간도 계속 지체되고. 평소에 엄마 말씀대로 운동을 해뒀으면 이렇게 쓰러지는 일 따위는 없었을 텐데."

땅이는 숨을 몰아쉬면서 겨우 말했다.

"무슨 소리야! 우리 딸이 얼마나 건강한데. 지대가 높아서 그런 것뿐이니 걱정하지 마."

하지만 현명해 여사의 목소리도 떨렸다. 험난한 여정을 이겨내고 여기까지 왔는

■고산병(高山病, mountain sickness)

고도가 높은 안데스 산맥을 여행할 때에는 종종 고산병에 시달리게 됩니다. 고도가 높아짐에 따라 산소가 부족하게 되어 우리 몸에 나타나는 여러 가지 안 좋은 현상들을 고산병이라고 하지요. 고산병의 증세로는 두통, 호흡 곤란, 구토에서부터 심한 경우에는 두뇌 작용이 제대로 안 되며 심한 경우에는 사망하는 경우도 있다고 합니다.
최선의 해결책은 산을 내려오는 것이겠죠? 하지만 단계적으로 고도에 적응하면서 산을 오르고, 수분 흡수를 충분히 하며, 무엇보다도 무리하지 않는 것이 좋다고 합니다.

데, 혹시라도 땅이에게 무슨 일이 생기지는 않을지 걱정이 되었다. 이 순간만큼은 대장이 그렇게 미울 수가 없었다.

라푸는 씹을 힘조차 없어 보이는 땅이의 입을 벌려서 코카 잎을 넣어주었다. 그리고 입을 오물거리는 흉내를 내며 땅이가 코카 잎을 씹도록 도와주었다. 땅이는 씹을 힘도 없었지만, 전에도 이걸 씹고 머리가 아픈 게 덜했으니까 이번에도 약효가 있기를 기도하는 수밖에 없었다. 하지만, 코카 잎을 다 씹기도 전에 땅이는 정신을 잃고 말았다.

'여기가 어디지? 굉장히 편안한데, 집인가? 아니 뭔가 움직이고 있는데. 아, 내가 쓰러졌었지? 응급차를 타고 병원으로 가는 중인가? 그런데 이런 산 속에 무슨 차가 있지?'

땅이는 여기가 어디인지 살짝 눈을 떠 살펴보았다. 눈앞으로 높고 푸른 안데스산이 보였다. 뾰족한 봉우리들엔 구름이 걸려있고, 풀밭에는 라마가 한가로이 풀을 뜯기도 했다. 땅이는 보따리 같은 것에 누에고치처럼 담긴 채 라푸의 등에 업혀 있었다. 살짝 돌아보니 라푸가 땅이를 업느라

안데스 산맥에 서식하는 라마(llama)

짐을 다 들지 못해 하늘 오빠가 어깨에 짐을 메고 있었다.

모두들 땅이 때문에 고생을 하고 있었다.

땅이는 라푸와 하늘 오빠를 볼 면목이 없어서 도로 눈을 감아버렸다. 한숨 자고 나니 머리도 훨씬 덜 아프고, 가슴이 답답한 느낌도 사라진 것 같았다. 게다가 이렇게 등에 업혀 트레킹을 하는 것도 나쁘지 않았다. 하지만 기절한 척을 그리 오래 할 수가 없었다. 너무나 배가 고팠던 것이다.

아침에 조금 먹은 것까지 다 토해내 버렸으니, 그야말로 뱃가죽이 등짝에 달라붙은 느낌이었다.

"저기, 라푸 오빠, 나 이제 괜찮아진 것 같아요. 그만 내려주세요."

하지만 라푸 오빠는 땅이를 내려주지 않았다.

"어! 땅이 깬 거야! 휴~ 다행이다. 얼마나 걱정했는데! 조금 있으면 캠프장이래. 불편해도 조금만 참아."

"불편하긴. 라푸 오빠랑 하늘 오빠가 고생하니까 그러지. 나 걸을 수 있어."

하지만 라푸 오빠는 씨익 웃기만 하고 땅이를 내려놓을 생각이 없는 듯했다. 하늘 오빠는 짐을 뒤져서 구운 감자와 옥수수를 건네주었다.

"배고프지? 아침도 조금밖에 못 먹던데 그거 먹으면서 편히 가. 짐은 하나도 안 무거우니까 걱정하지 않아도 괜찮아."

■감자와 옥수수

라틴아메리카의 안데스 산지에서는 해발 고도가 높아짐에 따라 기르는 작물이 달라집니다.
해발 고도 1,000m 이하는 기온이 높은 지역으로 바나나, 카카오, 사탕수수를 재배하고, 해발 고도 1,000~2,000m 지대는 기후가 온화하여 커피, 옥수수 등을 재배합니다. 해발 고도 2,000~3,000m 지역은 다소 서늘한 날씨로 감자, 밀, 사과 등을 많이 재배하고, 해발 고도 3,000~4,000m 지역에서는 라마, 양이 사육되며, 그 이상의 지역은 얼음으로 덮여 있습니다.
그래서 감자와 옥수수는 이 지역 원주민들의 중요한 식량 자원이지요.

땅이는 라푸의 등에 업혀 감자와 옥수수를 먹는 호사를 누리며 다음 캠프장까지 갔다. 이럴 때 보면 하늘 오빠가 꽤나 믿음직스러웠다.

마추픽추의 감동

"벌써요? 아직 해도 안 떴는데?"

다른 날과 달리 라푸는 새벽 4시부터 가는 길을 재촉했다. 지난

3일간 험한 산간 지역을 등반 하느라 온몸이 아팠지만, 땅이는 재까닥 일어나 떠날 차비를 했다. 고산병이 나은 후부터는 하늘이보다 더 힘차게 등반해 나갔다. 더 이상 엄마나 오빠들에게 실망을 안겨줄 수 없다는 생각 때문이었다.

"새벽 일찍 가야 마추픽추의 아침을 볼 수가 있대. 자, 하늘이어서 일어나! 땅이는 벌써 일어났는데!"

현명해 여사의 불호령에 하늘이는 투덜거리며 일어났다.

앞이 캄캄한 새벽에 등반을 하는 건 생각

보다 더 어려웠다. 어디가 길이고 어디가 낭떠러지인지 알 수 없으니, 라푸 없이는 한 발자국도 움직이기 힘들었다. 나뭇가지에 이리저리 생채기가 나고, 넘어지기도 수십 번이었다.

그렇게 험한 길을 헤치고 가다가 갑자기 라푸가 걸음을 멈추고 아래쪽을 가리켰다. 드디어 마추픽추에 도착한 것이었다.

현명해 여사와 하늘이, 땅이는 숨을 훅 들이 쉬었다. 안데스산 위로 태양이 떠오르고, 그 아래에 미니어처처럼 펼쳐진 공중도시 마추픽추가 모습을 드러낸 것이었다. 라푸의 설명에 따르면 마추픽추는 그 오묘한 위치 때문에 땅이 가족이 서 있는 곳에서 조금만 움직여도 봉우리에 가려 보이지 않는다고 했다. 그 덕에 지금까지 파괴되지 않고 보존될 수 있었다는 것이다.

"드디어 왔구나. 마추픽추에!"

현명해 여사는 갑자기 눈물을 흘리기 시작했다. 하늘이와 땅이

■마추픽추(Machu Picchu)
마추픽추는 1911년 미국의 상원 의원이자 고고학 교수인 히람 빙햄에 의해 발견되었습니다. 마추픽추는 안데스 산맥의 해발 2,700m의 봉우리에 숨겨져 있는 우루밤바 강의 계곡에 의해 둘러싸인 요새 같은 도시로 잉카 제국의 영광을 보여주는 살아있는 증거물이죠. 그래서 언제나 세계 각지에서 온 관광객들로 붐빈답니다.

는 엄마의 갑작스러운 눈물에 놀라서 엄마 곁으로 다가갔다. 대장을 납치했다는 제트맨의 편지를 읽은 이후로 엄마가 우는 걸 처음 보았다. 여행 중에도 힘든 내색 한번 하지 않던 엄마가 눈물을 보이다니!

"왜 그래요, 엄마? 그렇게 감동적이에요?"

현명해 여사는 대답 대신 고개를 끄덕이며 하늘이와 땅이를 꼭 안았다.

"실은 예전에 엄마랑 아빠가 여기로 신혼여행을 오기로 했었는데 사정이 생겨서 못 왔었거든. 여기에 오니 주책없게도 그때 생각이 나는구나."

그리고 보니 하늘이와 땅이는 등반을 하느라 대장을 까맣게 잊고 있었다.

"나도 어른이 되면 대장이랑 같이 마추픽추를 탐험하기로 했었는데. 대장이랑 같이 왔으면 좋았을걸."

하늘이도 대장과의 추억을 떠올리며 눈물이 글썽했다.

"여기 어딘가에 대장이 있을까요? 흑~ 대장이 보고 싶어요."

“그래. 이젠 대장을 찾을 때가 됐지. 너무 오래 됐잖아.”

현명해 여사는 뿔테안경을 고쳐 쓰며 말했다.

“가자, 브라질로!”

마추픽추

하늘이와 땅이는 갑작스러운 엄마의 폭탄선언에 눈이 휘둥그레졌다. 갑자기 웬 브라질? 무슨 힌트라도 찾으신 걸까? 눈을 씻고 다시 봐도, 저 아래 펼쳐진 마추픽추는 그저 아름답기만 할 뿐이었다. 도대체 엄마는 무얼 믿고 브라질로 가신다는 거지?

Chapter 8

아마존 정글 속 대장을 구하라!

Date . 10. 11.

지긋지긋한 이놈의 더위. 아니, 더위보다 더 참을 수 없는 것은 습기다. 비를 흠뻑 맞고 사람이 많은 지하철에 탄 것처럼 온몸이 끈적끈적하고 답답하다. 사람에게는 고역스러운 이러한 기후 덕분에 나무들은 제 세상을 만난 듯하다.

밀림이 어찌나 무성한지 왜 이곳의 기후를 '열대우림 기후'라고 이름 붙였는지 알 것 같다.

— 대장의 일기에서

마나우스의 살인적 무더위

"우와, 페루도 더웠지만, 여기는 더하네! 완전 끈적끈적해요! 지금이 정말 1월 맞아요?"

브라질 마나우스 공항에 내리자 뜨거운 열기와 습기가 모기떼처럼 땅이네 가족을 귀찮게 했다. 하늘이는 습기와 땀 때문에 옷이 온몸에 달라붙은 것 같아 어기적어기적 걸으며 말했다. 땅이도 자꾸만 날라오는 날벌레 때문에 머리끝까지 짜증이 났다.

"브라질은 적도 가까이 있는 나라라 일년내내 이렇게 더운 기후란다. 기온이야 페루와 별로 다르지 않다고 해도 습도가 높아서 불쾌지수가 높은 편이지. 지금은 우기라서 더 습하고 덥단다. 그래도 다행히 비는 안 내리는구나."

현명해 여사도 더위를 견딜 수 없는지 손으로 연신 부채질을 하며 말했다.

■ 브라질(Brazil)

브라질은 면적 8,514,877km², 인구 약 1억 8,203만 명에 이르는 국가로, 세계에서 다섯 번째로 큰 나라입니다. 남미 대륙의 거의 반을 차지하고 있으며 칠레와 에콰도르를 제외한 나머지 나라들과 모두 국경을 접하고 있습니다.
북부는 아마존 강이 흐르는 세계 최대의 열대우림 지대이며 남부에는 브라질 고원이 펼쳐져 있습니다.
기후는 북부 아마존강 유역의 열대우림 기후로부터 아열대와 남부의 온대에 이르기까지 다양합니다. 국토의 60% 이상이 정글 또는 산림으로 덮여 있어 임산자원이 무한하고, 철광석 · 보크사이트 등 30여 종에 이르는 막대한 양의 지하자원을 보유하고 있으며, 커피·콩·사탕수수 등의 농산물 생산도 세계 1·2위를 다투고 있습니다

"엄마, 정말 대장이 이런 곳에 있을까요? 힌트도 없었는데, 왜 여기로 온 거예요?"

"마추픽추에는 우리를 위한 힌트가 분명히 숨겨져 있었을 거야. 하지만 굳이 그걸 찾지 않고도 다음 목적지를 알 수 있었지. 답은 바로 이 안에 있거든!"

현명해 여사의 손 안에는 대장의 일기장이 있었다.

"대장의 일기장에요? 거기에 무슨 힌트가 있었는데요?"

"시베리아 횡단열차에서 할 일이 없어 대장의 일기를 읽어보았단다. 그런데 이상한 점을 발견한 거야. 대장이 마지막으로 일기를 쓴 곳은 니제르의 빌마 마을이었어. 그런데 대장이 빌마 마을 전에 대장이 묵었던 곳이 어디인 줄 아니? 바로 응고롱고로 마을이야. 그 전에는 런던이었고."

"어! 전부 우리가 지나온 곳들이네요!"

"맞아! 우리가 대장의 일기에 적힌 나라들을 거슬러 올라가고 있

다는 걸 발견한 거지."

하늘이와 땅이는 대장의 일기를 받아 뒤에서부터 살펴보니, 정말 엄마가 말한 대로였다. 페루의 쿠스코를 거슬러 올라간 다음 목적지는 아마존에 위치한 아라라 족 마을이었다.

"아마도 우리가 힌트를 쫓아 올 거라고 생각하고 있을 테니 빨리 움직이면 이번에는 분명 잡을 수 있을 거야."

"엄마 말씀대로라면 제트맨이 일부러 우리가 쫓아올 수 있도록 힌트를 남겼단 말이에요?"

엄마 말에 일리가 있었지만, 도무지 누가 왜 그런 짓을 하고 있는지 이해가 가지 않았다.

"제트맨인지 누구인지 잡아보면 알게 되겠지. 자, 어서 움직이자! 이번엔 절대 놓치면 안 되잖니?"

"그런데 엄마. 왜 아라라 족 마을로 바로 오지 않고 페루에 들른 거예요? 바로 브라질로 왔으면 더 빨리 대장을 만날 수 있었을 거 아니에요?"

"우리가 자신이 짜놓은 계획을 눈치 챘다는 걸 알게 되

열대우림

면 제트맨이 이번에는 또 무슨 간계를 내놓을지 모르는 일이잖니. 조금 빨리 움직이면 페루에서도 잡을 수 있을 거라고 생각했는데, 고산병 때문에 지체가 됐지 뭐니. 브라질에서만큼은 절대로 놓쳐서는 안 되겠지?"

■열대우림(tropical rain forest)의 기후

가장 추울 때의 기온도 평균 18℃ 이상으로 매우 덥고, 일년내내 비가 아주 많이 내리는 기후를 말한답니다. 적도가 지나는 부근의 지역에서 이런 기후가 나타나지요. 왜냐하면, 적도 주변은 태양열을 가장 많이 받는 곳이라서 기온이 높고 물이 수증기로 금방 변해서 비구름을 많이 만들기 때문에 소나기가 하루에 한두 차례씩 내리게 됩니다.

이 기후는 남아메리카의 아마존 분지, 아프리카의 콩고 분지, 동남아시아의 인도네시아와 말레이 반도 등에 전형적으로 나타납니다.

현명해 여사의 눈빛이 벌써 제트맨을 잡기라도 한 것처럼 반짝였다.

"당연하죠!"

하늘이와 땅이는 새롭게 알아낸 사실에 흥분해서 힘차게 대답했다. 하지만 한 발자국조차 움직이기 싫게 만드는 브라질의 날씨 속에서 대장을 찾을 생각을 하니 앞날이 까마득했다.

"밀림투어를 하는 보트가 곧 떠난다고 하는구나. 여기서 조금 기

다릴까?"

현명해 여사는 특유의 능력을 발휘해 일사천리로 일을 진행했다. 아라라 족 마을이 있는 곳까지 최대한 빠른 코스를 파악하고, 그 근처로 가는 밀림투어 스케줄까지 알아낸 것이다.

"우와! 땅이야, 저 배 봐! 진짜 크지? 여기에는 저렇게 큰 배가 굉장히 많네!"

보트가 출발하기를 기다리며 강 근처에 서 있는 그 짧은 시간에도 하늘이는 가만히 있지 않고 여기저기 구경하기 바빴다. 그러고 보니 하늘 오빠의 말처럼 큰 배가 많았다. 한강에는 기껏해야 유람선 정도만 다니는데, 여기는 어마어마한 화물선들이 쉴 새 없이 드나들었다.

"브라질은 아마존강이 있어서, 대부분의 수출이나 수입이 저런 화물선을 통해 이루어진단다. 숲이 울창해서 육로가 발달하지 못했거든. 고무, 코코넛, 목재 등등 많은…… 땅이야! 엄마가 얘기 중이잖니?"

땅이가 옷을 자꾸 잡아당겨 현명해 여사는 뿔테안경을 만지작거리며 땅이를 바라보았다.

"엄마, 하늘이 이상해. 갑자기 새까만 구름이 몰려와요."

그제야 하늘을 바라본 현명해 여사는 급히 짐을 챙기며 소리 질

렸다.

“애들아, 저쪽 처마 밑으로 뛰어! 어서!”

하늘이와 땅이는 현명해 여사를 따라 걸음아 날 살려라 뛰었지만, 처마 밑에 채 닿기도 전에 엄청난 소나기가 쏟아지기 시작했다. 얼마나 무섭게 내리는지, 비 맞은 곳이 꼭 누가 때리는 것처럼 욱신거렸다.

“무슨 비가 이렇게 갑자기 내리지? 그나저나 보트가 떠날 시간이 얼마 남지 않았는데 이러다 보트 놓치는 거 아니에요?”

선착장은 한 500m 정도밖에 안 떨어져 있었지만, 도저히 저 비를 맞으며 뛰어가진 못할 것 같았다. 아마 온몸이 시퍼렇게 멍들지도 몰라!

“이곳의 비는 눈 깜짝할 사이에 시작해서 무섭게 퍼붓고는 금방 끝난단다. 30분 내로 언제 그랬냐는 듯 갤 테니 걱정 안 해도 될 거야.”

장대비처럼 세차게 내리는 폼이 아무리 봐도 금세 그칠 것 같지 않았는데, 조금 있으니 엄마 말대로 정말 비가 뚝 끊어졌다.

“하늘이와 땅이는 지금부터 배 안을 샅샅이 수색해 봐. 범인들은 우리보다 빨리 가지 못했을 거야. 특히 하늘이, 지난번처럼 다른데 정신 파느라 제대로 찾지 않으면 혼날 줄 알아!”

보트에 올라타자마자 현명해 여사는 하늘이와 땅이에게 특별

■스콜(squall)이란?
해가 뜨고 태양이 지표를 달구기 시작하면 물이 증발해서 수증기를 만드는데 이 수증기가 하늘로 올라가면서 구름을 만듭니다. 많은 양의 수증기가 빨리빨리 공급되면 적란운이라고 하는 수직으로 길쭉한 뭉게구름이 만들어지는데 일정한 시간이 지나면 소나기를 뿌립니다. 이러한 비를 열대우림지역에서는 스콜이라고 부릅니다. 따라서 열대우림 지역은 연강수량이 보통 2,000mm를 넘게 되지요.

임무를 명령했다.

"크크, 그땐 아나스타샤가 있어서 그랬던 거구요. 여기는 아나스타샤 같은 천사가 없으니까……."

느물느물 넘어가려던 하늘이는 현명해 여사가 째려보자 더 이상 군말 없이 보트 안을 뒤지기 시작했다. 땅이는 하늘 오빠 반대편 방향부터 찾아보기로 하고 보트 뒤쪽으로 돌아갔지만 아무 것도 없었다. 솔직히 워낙 보트가 작아 별로 뒤질만한 곳도 없긴 했다.

보트가 시동을 걸고 움직이기 시작하자, 땅이는 포기하고 갑판에 기대서 선착장을 바라보았다. 그런데 이게 웬일? 선착장에 대장이 서 있었다. 뒷모습뿐이었지만 대장이 확실했다. 스페인의 해변에서, 시베리아 횡단열차에서 보았던 사람은 정말로 대장이었던 것이다.

땅이는 얼른 보트와 선착장 사이를 가늠해보았다. 도움닫기만 제대로 하면 선착장에 닿을 수도 있을 것 같았다. 땅이는 눈을 꼭 감고 날쌔게 몸을 날렸다.

"대장!!!!!"

"위험해!"

눈을 살짝 떠보니, 땅이는 물 위에 대롱대롱 매달려 있었다. 땅이가 뛰어내리기 전에 누군가 잡아챈 것이었다. 만약 그러지 않았다면 땅이는 시꺼먼 아마존 강물에 풍덩 빠져서 허우적대고 있었을 것이다.

"이 배에서 다시 한번 그런 위험한 짓을 했다가는 당장 하선 시키겠어요! 알겠어요?"

현명해 여사와 하늘이는 땅이가 강물 위에 간신히 매달린 걸 보고 혼비백산했다.

"땅이야, 왜 그런 짓을 한 거야!"

"몰라! 이 아저씨가 다 망쳐놨어! 선착장에 대장이 있었단 말이야. 이번에야말로 대장을 찾을 절호의 찬스였는데! 으앙~"

"아가씨가 위험한 브라질 강물에 빠져 피라니아의 먹잇감이 될 절호의 찬스였겠지!"

영화 속에서나 나올 법한 사파리 복장을 한 남자는 땅이의 투정에 오히려 호통을 쳤다.

"아마존 강이 얼마나 위험한 줄 알아요? 식인 물고기인 피라니아, 악어 한 마리를 통째로 삼키는 아나콘다, 피부병을 유발할 수 있는 온갖 종류의 위험한 식물들이 있는 곳이라고! 함부로 물속에

■피라니아(piranha)
아마존 강에서 사는 물고기인데, 크기는 15~25㎝ 정도로 작지만 성질이 대단히 사납고 날카로운 이를 가지고 있어 살아 있는 동물(사람 포함)조차도 집단으로 습격하여 순식간에 뼈만 남겨버리는 무서운 물고기랍니다.

들어갔다가는 다시는 나오지 못할 수도 있어요!"

피라니아와 아나콘다라면 땅이도 영화에서 많이 봐서 알고 있었다. 뛰어들려던 강물을 내려다보니 검은 강물이 땅이를 잡아먹지 못해 아쉽다는 듯 찰랑거리고 있었다. 땅이는 속으로 뜨끔했다.

"딸애가 잠깐 딴 곳에 정신을 팔다가 실수를 한 것 같습니다. 구해주셔서 감사합니다."

"별말씀을요. 저는 밀림탐험을 지휘하는 탐험가이드 리빙스똥이라고 합니다. 밀림탐험대를 지휘하는 사람으로서 당연한 일을 한 것뿐이지요."

"그런데 실례지만, 어디서 뵌 적이 있는 것 같은데……."

피라니아

현명해 여사는 뿔테안경을 고쳐 쓰며 날카로운 눈빛으로 리빙스똥 씨를 쳐다보았다. 그러고 보니 누구를 닮은 것 같기는 한데, 잘 생각나지 않았다. 솔직히 외국 사람은 잘 구분이 안 갔다.

영국신사 존 아저씨도, 스페인의 까를롱 아저씨도 머리 색깔이 달라서 알아봤지 안 그랬으면 구분하기도 힘들었을 거다.

"친절한 인상 때문에 자주 그런 소리를 듣지요. 자, 이제 앞쪽으로 가셔서 본격적인 밀림탐험을 시작하실까요?"

"땅이, 정말로 대장을 본 게 확실하니?"

현명해 여사는 땅이에게 다시 한 번 물었다.

"정말이라니까요! 그동안 제가 대장을 봤다고 해도 아무도 안 믿었지만, 그동안 대장은 바로 우리 가까이 있었던 거잖아요. 제 말 좀 믿어주세요!"

"그래. 땅이 말 믿을게. 하지만 앞으로 함부로 행동하면 가이드가 아니라 엄마한테 먼저 혼날 줄 알아! 알았지? 여기는 원시의 밀림 안이야. 무슨 일이 일어날지 모른다고."

현명해 여사는 강 양쪽의 밀림을 가리키며 말했다. 밀림탐험대는 작은 배로 갈아타고 아마존 지류를 따라 가고 있었다. 강의 폭

검게 보이는 아마존 강

이 좁아지고 간간히 나무에 가려 하늘이 보이지 않기도 하고, 강 양쪽의 밀림 속에서 갖가지 새와 짐승들의 울음 소리가 들려왔다. 당장이라도 숲 속에서 튀어나와 덤벼들 것만 같았다. 특히 그 안에 어떤 괴생물이 도사리고 있을지 짐작조차 할 수 없을 정도로 검은 강물이 유유히 흘러가는 모습은 무섭기까지 했다.

"저 나무덩굴을 타면 타잔처럼 날아다닐 수 있겠다. 타잔이 십 원짜리 팬티를 입고~크크."

으이그, 하늘 오빠는 하여간 분위기 깨는 데는 뭐 있다니까.

"자! 여러분, 이제부터는 아마존 밀림 지역을 도보로 탐험할 예정이에요. 다들 저를 따라 오시죠."

배를 멈추고 밀림탐험대의 가이드 리빙스똥 씨가 말했다.

■아마존 강이 검게 보이는 이유

아마존 강이 가로질러 가는 열대우림 지역에서는 나무들의 생장 속도가 엄청나서 아주 빨리 자라는데, 그러다 보면 식물의 잎이 수시로 강물에 떨어지지요. 많은 식물들의 잎이 떨어져서 강물에 휩쓸리다 보니 그 낙엽의 색소가 빠져 강물에 녹아서 강물 색이 나뭇잎의 색소와 같이 검게 변합니다.

"우와! 도보탐험도 해요? 그럼 진짜 타잔처럼 덩굴을 탈 수도 있겠네요! 신나겠다!"

하늘이가 짐을 챙겨 배에서 내리려는데 잔소리쟁이 가

이드가 뒷덜미를 잡았다.

"잠깐! 그러고 숲 속에 들어가려고요? 절대 안 되지요. 얼른 긴 셔츠와 바지를 꺼내 입고 나오세요!"

"에? 지금도 이렇게 더운데 어떻게 긴 옷을 입어요? 다 벗으라고 해도 모자를 판인데!"

"뭐, 아마존 모기와 독거미한테 물려도 상관없다면 마음대로 하시구요."

이놈의 아마존에는 왜 이렇게 위험한 게 많은 거야! 하늘이와 땅이는 구시렁거리며 옷을 갈아입고 리빙스똥 씨를 따라 나섰다.

긴 옷을 입고 걷자니 몇 걸음을 옮기지 않아도 땀이 비 오듯 흘러 눈을 제대로 뜰 수가 없었다. 그래도 땅이는 긴 옷을 입길 다행이라고 안도의 한숨을 내쉬었다. 숲 속에는 듣도 보도 못한 벌레들이 날아다니고 있었다. 또한 보기에도 무섭게 생긴 식물들이 많았는데, 그것들이 맨살에 닿을 생각을 하니 무시무시했다. 생각 같아서는 장갑도 끼고 싶었다.

도보탐험은 리빙스똥 씨가 커다란 칼로 무성한 잎사귀와 풀들을 자르며 먼저 앞장서면 나머지 사람들이 그 뒤를 따르는 방식이었다. 둘레가 6~7m는 족히 되어 보이는 거대한 나무들이 빼곡히 들어 차 있어 밀림 안으로는 햇빛 한 줄기 들지 않아 어두컴컴하고,

내 몸을 태워서 연기를 마시면 두통이 사라져요!
엄마, 빨리 와요!
암튼 엄마는…….
난 폐렴과 간, 위 질환을 고쳐주죠. 맛도 기가 막혀요~!

여기를 보세요. 나는 어디에
효과가 있냐면, 어쩌구 저쩌구……
그리고 주절주절…….
와우~ 여기는
온통 공짜 천지구나!
이것도 가져가야지!

이끼가 잔뜩 낀 나무들은 마치 살아 움직이는 듯했다. 원시 시대로 돌아간 듯한 분위기에 밀림 어디에선가 공룡이라도 튀어나올 듯했다. 타잔놀이를 해보겠다고 설레발치던 하늘이도 밀림의 분위기에 기가 죽었는지 조용했고, 조금이라도 멀어지면 길을 잃을까 사람들은 한 줄로 다닥다닥 붙어서 걸어갔다.

■밀림(열대우림)이 형성되는 이유

비가 많고 기온이 일년내내 높기 때문에 식물의 성장이 매우 빠르고 종류도 다양해서 일정 면적 안에 가장 많은 종류의 식물이 분포하는 곳입니다. 먼저 햇빛을 풍부하게 받는 나무들이 30~45m까지 자라고 키 큰 나무의 그늘로 햇빛의 양이 줄어들면서 나무의 높이가 점점 낮아지다가 하늘을 가려 햇빛의 양이 크게 줄어드는 지표 가까이에서는 키가 큰 풀이 자라거나 더 내려가면 이끼까지 자라게 됩니다. 이렇게 해서 열대우림 지역의 숲은 나무들이 층층이 자라고 서로 얽히고설켜 뚫고 들어갈 틈이 없어집니다. 이런 경관을 흔히 밀림, 정글 등으로 불리는데 동남아시아에서는 '정글'이라고 하고 아마존 지역에서는 '셀바스'라고 부릅니다. 영화에서 사람들이 정글을 지나갈 때 커다란 칼을 가지고 수풀과 넝쿨을 잘라내며 길을 만들어 가는 것을 보았을 겁니다. 이곳의 나무는 딱딱하고 지름이 길어서 주로 가구나 배를 만들 때 사용합니다. 그리고 코코아의 원료인 카카오나무, 고무를 만드는 고무나무, 약품을 만드는 나무 등이 다양합니다.

"이 나무는 진액을 태워서 그 연기를 마시면 두통이 사라진다고 하지요. 또 저 나무의 진액은 폐렴과 간, 위 질환에 효과가 있고 우유 맛이 나지요."

잔소리쟁이인 줄만 알았는데 밀림에 대해서는 모르는 게 없는지 리빙스똥 씨는 이 나무 저 나무 가리키며 그 약용 효과에 대해 설명해주었다. 현명해 여사는 열심히 쫓아다니며 구미가 당기는 나무가 나타나면 리빙스똥 씨에게 나무를 베어달라고 부탁했다. 평소에도 공짜라면 일단 챙기는 게 습관인 현명해 여사는 몸에 좋다는 나무 진액은 전부 담아가려고 했다.

초콜릿의 원료인 카카오나무

"엄마, 팀에서 너무 떨어졌어요. 빨리 앞으로 가요!"

하늘이가 아무리 뜯어말려도 현명해 여사는 도무지 듣지 않았다. 그때 땅이가 저쪽에서 소리 질렀다.

"엄마! 저쪽에 진액을 마시면 머리가 10배는 좋아지는 나무가 있대요!"

땅이의 말을 듣자마자 현명해 여사는 '어머! 그런 게 다 있다니!' 하며 뛰어갔다.

"우와! 진짜 그런 나무가 다 있어? 밀림 속에는 없는 게 없구나!"

"바보! 그걸 믿냐? 엄마를 움직이게 하려면 그 수밖에 없잖아."

땅이는 하늘이에게 장난스럽게 윙크를 해보였다.

"아라라 족 마을로요? 여기서 바로? 절대 안 돼요. 아마존 도보여행으로 몸이 많이 피곤할 텐데, 시내에서 쉬었다가 출발을 하셔야지요. 밀림이 얼마나 위험한 데요!"

현명해 여사는 리빙스똥 씨에게 아라라 족 마을로 갈 수 있는 방법을 알려달라고 부탁했다.

"물론, 다 옳은 말씀이세요. 하지만 우리는 지금 꼭 출발을 해야 합니다."

현명해 여사는 뿔테안경을 고쳐 쓰며 말했다. 턱까지 도도하게 치켜든 폼이 절대 굽히지 않을 태세였다.

"못 갑니다. 여기서 거기까지가 얼마나 먼데요. 여기서는 갈 수 있는 방법이 없어요!"

"누가 데려다 달라고 했나요? 그냥 방법만 가르쳐 주세요. 나머지는 우리 셋이서 알아서 할 테니까."

하늘이와 땅이에게는 가이드 말이라면 팥으로 메주를 쑨다고 해도 믿고 따르라고 했던 것은 기억이 안 나는지, 엄마는 무조건 아라라 족 마을로 가는 법을 알려달라고 고집을 부렸다.

"길을 막고 물어보세요! 여기서 아라라 족 마을까지 갈 정신 나간 사람이 있나. 게다가 지금은 우기라고요! 지금까지는 운 좋게 비를 피했지만 비가 쏟아 붓기 시작하면 여긴 지옥이나 마찬가지에요. 만약 거기까지 간다는 사람이 있으면 내 손에 장을 지지겠어요!"

리빙스똥 씨가 실패를 호언장담하며 숲 속으로 사라지자 엄마는 보트의 운전사며 승객에게까지 아라라 족 마을에 가는 법을 묻고 다녔다. 운이 좋게도 '캄챠' 라는 이름의 승무원이 땅이네 가족을 아라라 족 마을까지 가이드 하겠다고 나섰다.

"모셔다 드릴게요, 이 캄챠가. 하지만 정말로 험한 길이에요. 자신 있어요?"

거짓말 하나 안 보태고 눈이 골프공처럼 크고 툭 튀어나온 캄챠는 하늘이와 땅이, 현명해 여사를 보며 겁을 주었다.

"이전까지 한번도 경험하지 못한 위험한 여행이 될 거예요, 이 여행은. 트랜스아마존하이웨이를 타고 장장 300km는 되는 거리를 달려야 하구요. 사고가 아주 많이 나는 소형비행기도 타게 될 거예요. 브라질에서 매년 소형비행기가 몇 대나 떨어지는 줄 아세요? 자그마치 아홉 대에요, 아홉 대! 올해는 아직 네 대밖에 안 떨어졌으니까, 재수 없으면 우리 비행기 차례일 수도 있지요!"

"걱정하지 마세요! 우리 가족은 떨어지는 비행기에서도 잘 살아남아요!"

하늘이의 대답에 캄챠는 안 그래도 큰 눈을 더 크게 뜨며 불길하게 미소를 지었다.

"그럼 그 행운이 어디까지 가나 볼까요?"

드디어 캄챠의 고물 트럭에 올라타고 막 떠나려는데 리빙스똥 씨가 사색이 되어 달려왔다.

"안돼요, 하늘! 땅! 너무 위험하다고요! 제발 돌아와요. 제가 모셔다 드릴게요!"

현명해 여사는 허둥지둥 쫓아오는 리빙스똥 씨를 보며 단호하게 말했다.

"리빙스똥 씨! 어디 한번 따라와 보세요. 이번엔 우리가 한 발 먼저 가 있을게요!"

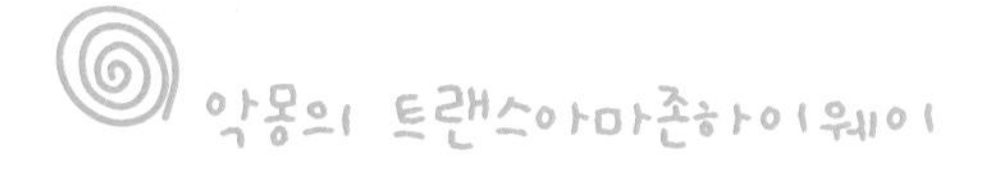

트랜스아마존하이웨이의 악명은 리빙스똥 씨가 예언한 것처럼 그 위력을 발휘했다. 트랜스아마존하이웨이를 우리말로 하면 '아마존 관통 고속도로' 정도 되는데, 말이 좋아 고속도로지 대부분

비포장 도로였다. 운전석 의자 빼고는 온통 철판 뼈대만 앙상한 캄챠의 지프를 타고 트랜스아마존하이웨이를 달리자니 스릴감이 청룡열차 못지않았다.

"우와! 재미있다! 엄마, 엉덩이에 뿔나겠는데요, 크크!"

하늘이는 엉덩이는 의자에, 천장에는 머리를 쿵쿵 부딪치면서도 재미있다고 킥킥댔다. 땅이도 하늘이만큼은 아니었지만 멀미도 나지 않고 지루하지 않게 비 오는 아마존의 풍경을 바라볼 수 있었다. 아무래도 엄마가 떠나기 전 나무의 진액을 태워 냄새를 맡게 한 덕분에 머리도 아프지 않은 것 같았다.

"그런데 캄챠, 오면서 보니까 밀림의 나무들이 거의 대부분 잘려 나갔던데, 왜 그런 거예요?"

땅이는 쏟아지는 비로 곳곳에 웅덩이진 비포장도로를 솜씨 좋게 달리는 캄챠에게 물었다.

사람들의 무분별한 벌목으로 파괴되어 가는 열대우림

"1970년대 이후 개발이 시작되면서 밀림이 급속히 파괴되고 있어요. 다국적벌목회사들이 숲을 헤집고 다니면서 벌목한 나무를 가득 실어 나가지요. 거기에 불법으로 진행되는 벌목과 땅을 팔기 위해 태워버린 열대림까지 합하면 지난 한 해 파괴된 면적만 16,900km나 되요. 지금 우리가 달리고 있는 이 도로도 사실은 숲의 파괴를 위해 만들어진 거죠. 정말 큰일이에요."

"왜요? 농지가 많이 생기면 좋은 거 아니에요? 식량도 많이 재배할 수 있고, 벌레도 없고. 캄챠는 도시가 생기는 게 싫어요? 그러면 생활도 편리해지고 극장 같은 것도 많이 생기는데."

땅이의 질문에 코웃음만 치는 캄챠를 대신해 현명해 여사가 대답했다.

■열대우림이 파괴되면 안 되는 이유

열대우림의 면적은 85,000,000km²로 지구 표면의 6%를 덮고 있습니다. 인간에 의한 삼림파괴는 1900년 이후 급속히 진행되고 있는데 지구 삼림의 절반 이상이 몰려 있는 열대우림 지역에 특히 집중되고 있습니다. 목재를 얻고 농경지를 얻겠다는 당장을 이익을 위해 무분별한 벌목과 개발이 이루어지고 있으나 이는 장기적으로 볼 때 어마어마한 피해를 가져오게 됩니다. 우선 '지구의 허파' 역할을 하는 열대림이 사라지면 산소 공급이 줄어들고 이산화탄소의 비중이 높아져 지구온난화를 가속화시켜 기온과 강수량에 변동을 가져옵니다. 그 결과 스콜이 내리지 않아 전에 없던 가뭄이 몇 달 간 지속되는 이상 현상이 일어나기도 합니다. 또한 특이한 동물들이 대부분 멸종되고 약품의 원료 같이 인류에게 혜택을 주는 나무들도 사라지게 됩니다.

"땅아. 목재를 베어버리고 농지로 만들어야만 이익이 되는 건 아니란다. 하늘이와 땅이의 외모나 성격이 서로 다른 것처럼 밀림에게는 도시와 다른 밀림만의 존재 이유가 있는 거야. 연구 결과에 의하면 열대림에서 발생하는 가치는 다양한 생물종 보존과 물 공급, 산소 공급 등 온난화를 방지하는 역할을 통해 1헥타르(ha)당 3,800달러에 달한다고 해. 그렇게 커다란 역할을 하는 밀림을 베어버리는 건 돌이킬 수 없는 재앙을 불러일으키는 거나 마찬가지지."

"문제에요, 문제."

캄차는 고개를 끄덕이며 맞장구를 쳤다. 그러나 땅이가 보기엔 점점 더 굵어지는 빗줄기가 더 문제인 것 같았다.

아라라 족 마을은 트랜스아마존하이웨이를 타고 300km를 넘게 달리고도, 비행기와 배를 갈아타고 들어가야 할 만큼 아마존 깊숙이 있는 원주민 마을이었다. 밀림이 파괴되어 많은 인디오들이 도시로 떠난 탓에, 전통생활을 하는 원주민 인디오들은 더 깊숙이 들어가 버렸다고 한다.

"엄마, 아무래도 비가 심상치 않아요. 웅덩이도 점점 깊어지고."

그 어떤 험한 길도 머뭇거림 없이 달리던 캄챠도 빗방울이 굵어지자 점점 속도를 늦추고 있었다. 웅덩이를 만나면 내려서 물의 깊이를 확인하고 조심조심 건넜다. 비가 얼마나 많이 내리는지 도로의 웅덩이들은 거의 강처럼 흐르기 시작했다.

"이래서야 우리가 먼저 도착하기 힘들 텐데……."

현명해 여사도 안경을 고쳐 쓰며 불안한 듯 창밖을 바라보았다.

"걱정 마세요, 엄마! 우리는 떨어지는 비행기에서도 살아남은 무적의 가족인데! 기껏 이 정도의 비에 무슨 일이야 있겠어요? 그렇죠, 캄챠?"

하늘이만 혼자 천하태평이었다. 하지만 이번에는 캄챠도 커다란 눈을 굴리며 대답을 피했다. 그저 어느새 강이 되어 길을 막고 아나콘다처럼 구불구불 흐르는 물을 바라보고 있었다.

"자, 안전벨트를 단단히 매세요. 이제 저 웅덩이를 통과해야 할 거예요. 깊어 보이지만, 한번 해보죠!"

안전벨트라면 차에 올라탄 순간부터 착실하게 매고 있었다. 안전벨트마저 없었으면 머리통이 벌집이 되었을지도 모르는데. 캄챠는 자신의 운전 실력을 너무 모르는 것 같았다. 그래도 모두들 다시 한번 안전벨트를 점검했다.

캄챠의 지프가 웅덩이를 향해 앞으로 나아가기 시작했다. 물살이 세기는 했지만, 웅덩이는 생각보다 깊지 않은지 차는 앞으로 조심스럽게 나아갔다. 이제 조금만 더 가면 웅덩이를 벗어나겠구나 생각한 순간이었다. 갑자기 웅덩이가 깊어지면서 차가 물속으로 쑥 빠졌다.

"헉! 차가 물에 잠겼어! 캄챠, 이제 어떻게 해?"

차는 거센 물살에 휩쓸려 길에서 벗어나 점점 더 깊이 잠기기 시작했다.

"하느님께 물어보세요! 당신들은 행운이 따라다닌다면서요?"

캄챠는 허겁지겁 안전벨트를 풀었다. 땅이 가족도 덩달아 캄챠를 따라 안전벨트를 풀었다.

"캄챠가 차 문을 열면 엄청난 물이 밀려들 거예요. 다들 살아서 다시 만나요!"

뭐라 대꾸할 새도 없이 캄챠가 차 문을 열었지만 거센 물살 때문에 문은 쉽게 열리지 않았다.

"하늘아, 땅아, 엄마 손 놓치면 안 돼! 알았지?"

그 순간 문이 열리고 진흙탕처럼 짙은 물이 덮쳐왔다.

'대장, 어디 계세요? 우리 좀 지켜주세요!'

땅이는 마음속으로 간절히 기도했다.

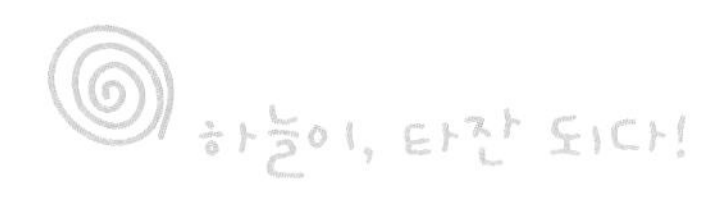

"아아아아~~~!"

하늘이는 오늘도 타잔 놀이로 아침을 시작했다. 땅이도 덩굴을 타고 하늘이의 뒤를 쫓았다.

"너희들! 아침 준비 안하고 그렇게 뛰어다니기만 할 거니!"

하늘이와 땅이를 향해 소리를 지르는 현명해 여사는 입고 있는

■아마존 원주민들이 살아가는 모습

아마존 원주민들은 열대 기후 조건에서 의복의 필요성을 느끼지 않아 최소한의 복장을 하며, 그리 넓지 않은 땅에 옥수수와 콩을 화전 농업으로 재배해서 먹거나 원숭이, 거북이를 사냥하거나 열대과일을 따먹으며 삽니다. 맹수의 습격을 피하기 위해서 나무 위에 커다란 잎사귀와 풀, 나뭇가지 등을 이용하여 집을 짓고 살거나, 이동이 잦을 때는 역시 나뭇가지와 잎사귀, 풀을 이용해 간단한 천막을 지어서 잠을 자기도 합니다.

최근에는 그들의 생활 터전인 열대림이 빠른 속도로 심각하게 파괴되면서 더 깊은 숲 속으로 이리저리 이동해야 하는 것이 이들이 처한 현실이지요.

티셔츠와 뿔테안경만 없었으면 아라라 족이라고 해도 믿을 정도였다. 옷까지 벗어재낀 하늘이와 땅이는 그야말로 아라라 족 아이들과 다를 게 없었다. 그도 그럴 것이, 홍수에 휩쓸려 구사일생으로 아라라 족 마을에 도착한 것이 벌써 3개월 전의 일이다.

이전 같으면 하루 종일 뛰어놀기만 하는 아이들에게 잔소리를 퍼부었을 현명해 여사이지만, 지금은 아이들이 건강한 것만으로도 감사했다. 급류에 휩쓸려 떠내려가는 땅이 가족을 발견한 아라라 족 사람들이 목숨을 걸고 구해주지 않았다면, 저렇게 뛰어놀 수도 없었을 테니까 말이다.

"얘들아, 우리 밥 먹자!"

말이 통하지 않는데도 하늘이와 땅이는 금방 아이들과 어울려 다니더니 금방 골목대장이 되어 아이들을 몰고 다녔다. 아이들은 화로 주위에 자리를 잡고 앉아 각자 자기 몫의 생선스프를 받아 게

눈 감추듯 먹어치웠다.

"배고프지? 조금만 견디면 우기가 끝나고 도시로 나갈 수 있는 길이 생길 거야."

그게 언제쯤이 될지는 장담할 수 없었지만, 현명해 여사는 불안한 마음을 숨기고 호언장담했다. 하늘이와 땅이는 엄마가 미안해하는 마음을 눈치 채고 명랑하게 대답했다.

"엄마, 배 안 고파요. 우리 때문에 자신의 몫이 줄어든 여기 애들이 더 배고프겠죠. 대신 여기는 숲에 가면 열매 천지에요. 먹을 수 있는 게 얼마나 많은데. 그렇지, 땅아?"

아라라 족은 1900년대 초만 하더라도 1,000여 명이 넘는 강성 부족이었지만 현재는 60여 명 밖에 남아 있지 않았다고 한다.

부족한 식량과 심각한 삼림파괴로 아라라 족은 살 곳이 점차 사라지고 있었기 때문이다.

"응! 난 앵두처럼 생긴 빨간 열매가 제일 맛있어. 오빠, 우리 간만에 애들이랑 탐험 한번 나설까?"

"좋지, 엄마! 우리 다녀올게요!"

현명해 여사는 지난 3개월 동안 불쑥 커버린 하늘이와 땅이를 보며 마음이 뿌듯해졌다.

"배에요! 엄마, 배가 왔어요!"

숲으로 간다던 하늘이와 땅이의 외침에 현명해 여사는 깜짝 놀라 일어났다. 아라라 족의 마을이 위치한 강가로 한 척의 배가 들어오고 있었다. 우기의 험상궂은 날씨 때문에 외지에서 배가 들어오기는 3개월 만에 처음이었다.

"드디어 이곳에서 나갈 수 있겠구나. 감사합니다!"

현명해 여사는 아이들의 뒤를 쫓아 선착장으로 뛰어갔다. 하늘이와 땅이는 양 손을 맞잡고 방방 뛰었다. 그동안 엄마가 걱정할까봐 씩씩한 척 했지만, 거북이 고기를 먹어야 하는 인디오 마을의 삶이 다 좋은 것만은 아니었다.

"앗싸! 컴백홈~! 집에 갈 수 있을 거야. ㅋㅋㅋ."

"어, 대장……?"

사파리 모자와 두꺼운 안경을 쓰고 배 갑판 위에 서 있는 것은 분명 대장이었다. 하늘이와 땅이는 놀라서 소리를 질렀다.

"대장, 대장! 여기에요, 여기!"

"땅아! 하늘아! 여보!"

대장은 하늘이와 땅이를 발견하고 한 발을 내딛은 순간, 발을 헛

디뎌 그대로 강으로 곤두박질쳤다.

"위험해!!!"

땅이의 머릿속에 아마존 강 속의 아나콘다와 피라니아 그리고 피부병을 유발할 수 있는 온갖 종류의 이름을 알 수 없는 벌레들이 지나갔다. 그 순간 저쪽에서 유유히 헤엄을 치던 악어가 대장 쪽으로 다가오는 것이 보였다. 현명해 여사와 하늘이, 땅이가 발을 동동 구르고 있는데, 배 안쪽에서 갑자기 리빙스똥 씨가 뛰어나와 대장을 향해 멋지게 다이빙을 했다. 그 바람에 리빙스똥 씨의 사파리 모자가 공중으로 날아가고 리빙스똥 씨의 머리가 햇빛에 반짝 빛났다. 어? 리빙스똥 씨가 대머리였나?

"존 아저씨다!"

하늘 오빠 말대로 리빙스똥 씨는 영국에서 만났던 존 스미스 씨였다. 도대체 이게 어떻게 된 일이래?

대장은 흙탕물에 빠져 엉망이 된 채로, 아라라 인디오 복장을 한 하늘이와 땅이는 새까맣게 탄 채로, 현명해 여사의 고고한 뿔테안경은 삐뚤어진 채로, 땅이네 가족은 드디어 한자리에 모였다. 땅이네 가족은 서로를 얼싸 안고 울고불고 이것저것 그동안의 안부를 묻느라 정신이 하나도 없었다.

"어디 다친 데는 없니? 너희가 사라져서 얼마나 걱정했는지!"

"우리가 사라지다니요! 우리는 아빠가 납치돼서 얼마나 걱정했는데요! 아빠, 도대체 어디 계셨던 거예요? 제트맨은 어떻게 됐어요?"

"아, 그것이……. 하여간, 얘들아 사랑한다! 너무너무 보고 싶었어!"

대장의 눈물 앞에 하늘이와 땅이도 왈칵 울음을 터뜨렸다.

"이제 진실을 밝히시죠!"

하늘이와 땅이, 대장의 신파조 재회가 겨우 진정이 될 때쯤 현명해 여사가 차가운 목소리로 말했다. 조금 전까지 함께 얼싸안고 울었던 것 같은데, 어느새 비장의 무기인 뿔테안경을 고쳐 쓰고 전투태세를 갖춘 모습이었다. 팔짱까지 끼신 걸 보니 단단히 화나신 게 분명했다.

"아, 저, 그게, 꼭 그러려던 것은 아니고 말이지……. 허! 참!"

강물에 폭삭 젖은 데다 물풀에 칭칭 감겨 있는 대장은 제대로 대답도 하지 못하고 허둥대기만 했다.

"제가 대신 설명해 드리지요. 먼저 정식으로 제 소개를 하자면, 저는 영국의 탐험가 존 스미스라고 합니다. 오지랖 대장과 함께 세계의 기후를 관찰, 연구하고 있지요. 오지랖 대장이 하늘이와 땅이, 그리고 사모님과 함께 탐험을 하고 싶은데 적당한 방법이 없어 고민하기에 제가 간단한 트릭을 제안했던 거지요."

"그러면 납치사건, 제트맨, 그동안 발견했던 힌트들이 전부 가짜였단 말이에요?"

하늘이와 땅이는 깜짝 놀라 물어보았다.

"그뿐만이 아니지. 니제르 사막의 캐러밴, 스페인의 까를롱, 영국의 덤블덤블 마법사, 브라질의 리빙스똥 모두 존 스미스 씨였잖아요?"

현명해 여사의 질문에 하늘이와 땅이의 눈은 더욱 커졌다. 외국 사람들은 다 비슷하게 생긴 줄 알았더니 그게 아니라 모두 동일인물이었다니! 게다가 엄마는 이 모든 사실을 이미 알고 있는 듯했다.

"하하! 여보! 눈치 챈 거요? 존이 가발을 쓰고 집시 춤을 출 때 어찌나 웃기던지! 하하하!"

대장은 다시 생각해도 참을 수 없다는 듯 큰 소리로 웃다가 현명해 여사의 매서운 눈빛에 슬그머니 꼬리를 내렸다.

"오지랖 대장, 그러면 섭섭하지! 누구 때문에 한 고생인데! 가발이 벗겨지지 않게 하려고 얼마나 진땀을 뺐는데! 아, 뭐 아주 즐거운 경험이긴 했지만 말이다."

존 아저씨는 하늘이와 땅이를 보며 말했다.

"두 분에겐 즐거운 경험이었는지 모르겠지만, 우리 셋은 죽을 고비를 몇 번이나 넘겼다고요! 도대체 생각이 있는 건지 없는 건지!"

현명해 여사의 목소리가 한 옥타브 정도 높아졌다. 뭐, 평소 같았으면 벌써 동네가 떠나가라 소리를 질렀을 테지만…….

"미안해요, 여보. 하지만 아이들과 당신과 함께 넓은 세상을 꼭 구경하고 싶었어. 방법은 잘못됐지만, 내 진실 된 마음을 좀 헤아려 달라고."

"나는 정말 당신이 위험한 줄 알고 얼마나 놀랐는지……. 어디 현명해 여사를 속이려고……."

현명해 여사가 끝내 말을 잇지 못하고 울음을 터뜨리자 대장은 현명해 여사는 살포시 안아 주었다. 땅이는 존 아저씨를 따라 살며시 자리를 피해주는 센스를 발휘했다.

"대장이 엄마한테 많이 혼나지 않을까?"

하늘이가 대장이 걱정되는지 머뭇거리며 뒤를 돌았다. 한 눈에 봐도 화해하는 분위기인데. 하여간 눈치 없기는. 땅이는 하늘이에게 빨리 자리를 피하자고 눈치를 주었다.

"그럴 리 없단다. 대장이 큰 선물을 준비했거든!"

존 아저씨는 호탕하게 웃으며 말했다.

"우와, 선물이요? 뭔데요! 제발 알려주세요!"

"너희들 얼음왕국에 가고 싶지 않니?"

존 아저씨는 절대 비밀이란 듯 윙크했지만, 아무 소용이 없었다. 하늘이와 땅이는 용수철처럼 튀어 오르며 박수쳤다.

"우와~ 얼음왕국이요? 당연하죠!"

Chapter 9

세상에서 가장 아름다운 이뉴잇 마을

Date . 4. 18.

극한의 추위가 가득한 이곳에도 곧 봄이 돌아올 것이다. 신기하다. 불모의 땅인 줄만 알았던 이곳에도 봄바람이 불고, 풀과 꽃이 자란다는 것이……. 지금쯤 서울에는 한창 봄꽃이 아름답게 피었겠지? 그 화려함에 비하면 비교되지 않을지도 모르겠지만, 툰드라의 강인한 생명력을 언젠가 하늘이와 땅이에게 꼭 보여주고 싶다.

— 대장의 일기에서

"에이~ 여기는 다른 도시랑 별 다를 것도 없는데요? 여기 진짜 북극 맞아요?"

브라질에서 대장을 만난 지도 벌써 2개월이 지났다. 당장이라도 얼음왕국으로 달려오고 싶은 마음이 굴뚝같았지만, 무더운 브라질에서 4월의 꽃샘추위가 한창인 서울로 날아오자 하늘이와 땅이, 현명해 여사까지 모두 한 번씩 감기로 몸져누웠다.

이대로 얼음왕국 구경은 물 건너가나 했는데 여름을 코앞에 둔 6월 아침, 대장의 여행준비령이 떨어진 것이었다. 혹시라도 다시 감기로 고생할까봐 현명해 여사와 하늘이, 땅이는 내복에 파카까지 든든하게 입고 비행기를 탔는데 막상 도착하니 얼음왕국이라기엔 너무 평범했다. 대장은 전통적인 이뉴잇 마을에서 잊지 못할 밤하늘을 보여주겠다고 호언장담을 했었다. 하지만 캐나다 누나부트 주의 수도인 이콸루이트는 별로 특별할 것이 없어보였다. 심지어 그다지 추운 것 같지도 않았다.

"아빠, 별로 안 춥네요 뭐. 괜히 긴장했잖아요."

"여기도 지금은 여름이잖니. 하지만 너의 옷차림을 봐. 그게 여름에 입을 옷이니?"

"아참, 내가 지금 두툼한 오리털 파카에 털부츠까지 신었다는 걸 깜박했네요. 크크"

"여기 이콸루이트는 정확히 말해 북극은 아니야. 북극과 아주 가까운 곳이지. 우리가 머물 곳은 여기서 조금 더 북쪽에 있는 이뉴잇들의 마을이야. 캐나다 북부에 사는 주민들을 이뉴잇이라고 부른단다."

"그건 그렇고 내가 기대했던 모습들은 도대체 어디 있는 거예요? 개썰매도 없고, 얼음집 이글루도 없고, 다른 도시에 있는 집들하고 똑같게 생겼잖아요."

"아빠, 우리 제대로 온 거 맞아요?"

"녀석들 성급하긴. 이뉴잇들이라고 해서 모두 옛날의 전통적 방식으로 살아가는 건 아니란다. 이렇게 도시 생활을 하는 사람들도 있고, 남쪽의 도시로 나가 일자리를 얻어 생활하는 사람들도 있단다. 전통적인 생활 모습을 보려면 여기서 북쪽으로 더 가야만 해."

"그럼 빨리 그곳으로 가요. 빨리 개썰매를 타고 싶단 말이에요."

대장은 지난번 여행길에 이뉴잇 마을에서 만난 팡니툰 씨와 호형호제하게 되었는데, 나중에 꼭 가족들을 데리고 다시 방문하겠다고 약속을 했단다.

"여보, 팡니툰 씨를 만나면 정말 깜짝 놀랄 걸! 정말이지 할아버지와 형제처럼 닮았다니까."

"그러시겠지요. 어련하시겠어요?"

현명해 여사는 시큰둥하게 대답했다. 납치자작극이 밝혀진 이후 대장의 신용도는 완전 바닥에 떨어졌다. 대장이 잠시 화장실만 가도 엄마는 '어머! 얘들아, 대장 또 납치됐나 보다!' 하고 놀리기 일쑤였다.

"얼음왕국에 온다고 해서 눈 구경 실컷 하나 했더니, 이곳도 여름에는 어쩔 수 없나 봐요. 저기는 푸릇푸릇한 이끼 같은 것도 보여요."

■캐나다

캐나다는 면적 9,984,670km²에 약 3,000만 명의 인구가 살고 있는 나라입니다. 수도는 오타와, 주요도시로는 토론토, 몬트리올, 밴쿠버, 오타와, 에드먼튼, 캘거리 등이 있지요. 공식 언어는 영어와 프랑스어를 사용하고 있습니다.

캐나다는 세계에서 러시아 다음으로 두 번째로 넓은 면적을 가졌지만 사람이 거주할 수 있는 곳은 한정되어 있습니다. 미국과 국경이 맞닿은 남쪽 약 300km폭의 동서로 뻗은 띠 모양의 땅에 인구의 약 90%가 살고 있고 그 북쪽으로는 툰드라와 극지방이 이어집니다. 북반구에 위치하고 있어 사계절은 한국과 같으나, 위도가 높아 한국보다 더 춥지요.

팡니툰 씨가 사는 이뉴잇 마을까지는 다시 경비행기를 타고 가야 했다. 겨울에 왔으면 스노모빌을 타고 가면 되는데, 지금은 눈이 녹아 질퍽거려서 비행기 이외에는 이동이 안 된다고 한다. 시간은 절약되었지만 왠지 얼음왕국의 진짜 모습을 보지 못하는 것 같아 땅이는 조금 서운했다.

"오지랖 대장, 오랜만이요!"

대장은 비행기에서 내리자마자 마중 나온 팡니툰 씨를 꼭 껴안았다.

"어! 할아버지???"

하늘이와 땅이, 그리고 내내 새침하던 현명해 여사까지 눈이 동그래졌다. 대장이 이뉴잇 족은 우리와 같은 몽고인종이라 비슷한 점이 많다고 미리 귀띔해주었지만, 그래도 팡니툰 씨는 할아버지가 다시 살아 돌아오신 것처럼 똑같았다. 생전 처음 보는 팡니툰 씨였지

■에스키모와 이뉴잇(Innuit)

시베리아의 츄코트반도에서 동쪽으로 그린란드에 걸친 고위도 지방에 분포하는 원주민들을 흔히 에스키모라고 부르는데, 정확히 말하면 알래스카에 사는 사람들을 부르는 말입니다. 에스키모라는 이름은 유럽인에 의해 16세기부터 불리었는데 한때 '날고기를 먹는 사람들'이란 의미로 오해되었지만 최근에는 '눈신발'을 의미하는 것으로 생각되고 있습니다.
알래스카에서 '에스키모'를 선호하는 반면, 캐나다와 그린란드의 북극권 민족들은 일반적으로 '이뉴잇'를 선호한다고 합니다. 20세기 후반 약 117,000명의 에스키모가 거주하는 것으로 추정되는데 그린란드에 51,000명, 알래스카에 43,000명, 캐나다에 21,000, 극동시베리아에 1,600명이 거주한다고 합니다.

만 하늘이와 땅이는 대장처럼 팡니툰 씨를 꼭 껴안았다.

이뉴잇의 복장

"오호라! 너희들이 하늘이와 땅이구나. 대장이 늘 너희들 자랑에 입에 침이 마를 날이 없었지. 잘 왔다!"

"감사합니다, 할아버지! 할아버지라고 불러도 되지요?"

팡니툰 씨는 흔쾌히 허락하셨다. 그렇게 하늘이와 땅이의 얼음 왕국탐험은 시작되었다.

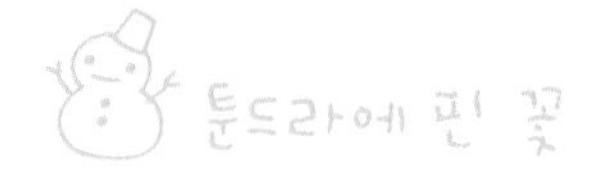

"부댄디! 부댄디! 부댄디!"

스무 명도 넘는 팡니툰 할아버지 가족들과 코를 부비는 이뉴잇족의 전통인사를 하고 나니 정신이 어질어질할 정도였다. 대장이 이뉴잇은 손님 접대가 극진하다고 귀띔은 해주었지만, 이 정도인 줄은 몰랐다. 게다가 주인이 베푸는 친절을 거부하는 것은 아주

무례한 행동이라고 하니, 아무리 힘들어도 웃으면서 인사를 하는 수밖에.

팡니튠 할아버지 가족을 만나고 나니 더 놀라웠다. 팡니튠 할아버지의 손자인 미약스와 나카는 사촌동생 사랑이, 학교 친구 하늘이와 너무 닮았던 것이다. 하늘이와 땅이도 오랜 여행으로 까무잡잡하게 그을려서 아이들과 섞여있으면 누가 손님이고 주인인지 알 수 없을 정도였다. 그래서인지 하늘이와 땅이는 아이들과 쉽게 친해졌다.

"우리 뒷마당에 나가서 놀자!"

개구쟁이처럼 생긴 나카가 아이들을 몰고 우르르 밖으로 몰려나 갔다. 뒤쫓아 간 하늘이와 땅이는 눈앞에 펼쳐진 풍경에 놀라 입을 다물지 못했다. 형형색색의 꽃들이 뒷마당 한가득 피어 있는 것이

었다.

"우와! 세상에. 이게 꿈이야 생시야? 이런 곳에 꽃이 피다니?"

"아까 아빠가 북극 근처도 여름에는 식물이 자랄 수 있는 툰드라 기후라고 했잖아. 그나저나 정말 예쁘다. 색깔이 너무 고와."

하늘이와 땅이는 아이들과 함께 꽃밭을 뛰어다니며 시간가는 줄 몰랐다. 꽃밭을 뒹구느라 여기저기 더러워지는데도 상관이 없었다. 마치 짧은 여름이 가기 전에 누가 흙을 더 많이 밟고 만지느냐를 내기하는 것처럼 아이들은 정신없이 꽃밭을 뒹굴었다.

툰드라 기후의 여름

■ 툰드라 기후(tundra climate)

북위 70° 이상의 북극해 주변 지역은 위도가 높아 태양으로부터 들어오는 빛의 양이 적기 때문에 기온이 올라가지 못합니다. 그 결과 겨울 기온은 -30℃ 이하로 내려가는 날이 많고 여름의 3개월 동안에만 0℃를 넘지요.

하지만 제일 더운 달이라도 평균기온 10℃를 넘지 못하는데 이러한 기후를 툰드라 기후라고 합니다. 5월이 되면 눈이 녹기 시작하고 6월이 되면 호수의 얼음도 서서히 녹기 시작합니다. 기온이 높지 않아 나무가 자라지는 못하고 짧은 여름 기간 동안 이끼류, 관목, 키 작은 꽃 등이 자랄 수 있습니다.

“도대체 물개는 언제 볼 수 있는 거예요? 얼음바다로 나온 지 벌써 두 시간째인데, 물개는커녕 물고기 한 마리도 안 보이잖아요.”

땅이는 보트를 가로막는 얼음을 밀어내는데 지쳐 그만 보트 바닥에 주저앉아 버렸다. 만약 겨울이었다면 개썰매를 타고 얼음 위를 달려가면 되는데, 지금은 여름이라 보트를 타고 깨진 얼음 덩어리를 밀어내 조금씩 앞으로 나아가는 수밖에 없다고 한다. 힘들기는 했지만 가끔씩 저 멀리에서 빙산이 무너져 내리는 모습을 감상하다보면 다시 기운이 솟았다. 정말 멋진 장면이었다. 그렇게 얼마의 시간이 더 지났을까.

“저기! 물개 떼가 보여요!”

하늘이가 소리를 질렀다. 땅이는 재빨리 일어나 망원경을 빼앗아 들고 하늘 오빠가 가리키는 쪽을 바라보았다. 정말로 차가운 바다 위를 유연하게 헤엄치는 물개 떼가 보였다. 검은 가죽이 물에 젖어 반짝반짝 빛났다. 늘 동물원에서만 보았던 물개였는데, 이렇게 자연에서 보니 더욱 기운차고 아름다워 보였다.

그때 팡니툰 할아버지가 총을 들어 물개 떼를 향해 겨누었다. 땅이는 갑자기 물개들이 불쌍해졌다. 다른 걸 먹으면 될 텐데 별로 먹을 것도 없는 물개를 잡아먹다니 너무 가혹한 일 같았다.

"대장, 물개 사냥 안하면 안 돼요? 물개들이 불쌍해요! 너무 야만적이야! 흑~."

땅이는 눈물까지 글썽이며 말했다.

"땅아, 남의 문화에 대해 함부로 야만적이라고 말하면 안 된단다. 얼음의 땅인 이곳에서 물개를 잡아먹는 것은 당연한 일이야. 이들에게는 식량을 구할 수 있는 최선의 방법인 것이지. 그리고 이들은 사냥을 하더라도 꼭 필요한 만큼만 계획성 있게 한단다. 그래야 사람과 동물 모두 공존할 수 있으니까. 각 지역의 문화는 환경에 따라 다르게 발전하는데, 그걸 나만의 기준으로 옳다 그르다 판단하는 것은 옳지 않아. 알았지?"

대장의 말을 듣고 땅이가 고개를 끄덕이는 사이 팡니툰 할아버지가 방아쇠를 당겼다. 천둥처럼 커다란 소리를 내며 나간 총알에 물개 한 마리가 맞았다.

물개

땅이는 물개가 불쌍했지만, 대장의 말을 생각하며 눈을 감지 않고 죽은 물개를 배에 싣는 장면을 지켜보았다. 그러

고 보니 팡니툰 할아버지와 다른 이뉴잇 아저씨들이 물개를 다루는 모습은 너무 일상적이어서 오징어나 고등어를 잡아 올리는 우리나라 어부들의 모습과 별다를 게 없어 보였다.

"우와! 어쩜 피 한 방울도 안 나게 가죽을 벗기지요? 아까 총 쏘실 때도 한 방에 물개를 잡으시더니! 할아버지 정말 대단하세요!"

뭍에 도착하자 팡니툰 할아버지는 조그만 칼 하나로 물개 가죽을 쓱쓱 벗기기 시작했다. 멀리 떨어져서 지켜보는 현명해 여사와 땅이와는 달리 하늘이는 가죽 벗기는 모습을 조금이라도 가까이서 보기 위해 아저씨들 사이를 기웃거렸다.

그러자 팡니툰 할아버지는 물개의 배를 갈라 내장을 꺼내 하늘이에게 주었다. 다른 아저씨들을 보니 할아버지에게서 받은 내장을 그대로 입에 넣어 우적우적 씹는 것이 아닌가!

■툰드라에서의 의식주

기온이 낮아 식물이 자라기에 적당하지 않기 때문에 채식보다는 육식을 할 수밖에 없답니다. 이끼류를 먹고사는 순록이나 바다에 사는 고래, 바다표범, 물고기 등을 잡아서 먹지요. 그리고 고기나 내장을 익히지 않고 날 것으로 먹는 이유는 비타민을 공급받기 위해서입니다.

이들이 주변에서 얻을 수 있는 재료는 나무도 아니고 진흙도 아니고 풀도 아니고 오로지 사냥한 동물과 눈과 얼음과 돌 뿐입니다. 따라서 동물의 가죽이나 모피로 천막을 만들어 살거나 얼음으로 일시적인 집을 만들거나 땅을 파고 돌 움막을 지어 살았답니다.

이용할 수 있는 자원이 식물보다는 동물이 많기 때문에, 그리고 기온이 매우 낮기 때문에 동물의 가죽이나 모피로 옷을 만들어 입을 수밖에 없습니다. 문명이 만든 어떤 섬유도 이곳의 혹독한 기온을 견디기에는 적당하지 않다고 합니다.

"하늘아, 물개 내장 한번 먹어 보렴! 아주 고소하단다."

대장까지 시뻘건 내장을 맛있다는 듯 먹고 계셨다. 대장도 먹는데 뭐 이상하기야 하겠어? 하늘이는 눈을 꼭 감고 물개 내장을 입에 털어 넣었다. 물컹물컹 한 것이 생선회를 먹는 것과 느낌이 비슷했는데, 오래 씹다보니 맛이 생각보다 고소했다. 팡니툰 할아버지와 아저씨들은 하늘이의 찌푸린 표정이 웃긴지 즐겁게 웃으셨다.

"그런데 불을 피울 수도 있으면서 왜 날걸로 먹어요?"

"이곳 사람들은 채소를 많이 먹지 못해 비타민이 항상 부족하거든. 그런데 생식을 하면 비타민이 보충이 된단다. 예전에는 고래를 잡아 위장에 있는 해초를 먹기도 했다는구나. 비타민까지 보충했으니 우리 하늘이 더 쌩쌩해지겠네?"

정말 기운이 나는지, 하늘이는 입가에 묻은 피를 닦지 않고 달려가 뽀뽀를 해주겠다며 현명해 여사와 땅이를 괴롭혔다.

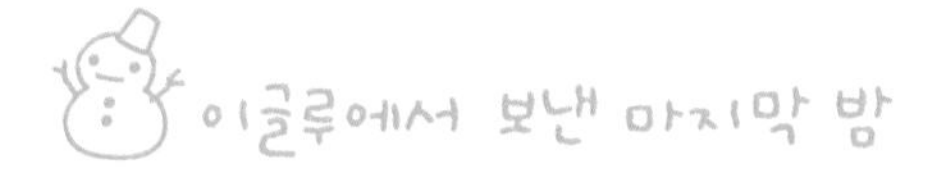

"야호! 달려라, 달려!"

물개사냥을 마치고 팡니툰 할아버지와 이뉴잇 아저씨들 그리고 땅이 가족은 개썰매를 타고 순록을 찾아 내륙 지방으로 들어갔다. 8마리의 개가 끄는 썰매를 타고 꽁꽁 얼어붙은 얼음판을 한참을 달려가니 본격적으로 차가운 바람이 불어와 엄청 추워져서 모두들 옷깃을 여미고 털모자를 단단히 눌러 썼다. 이제야 비로소 얼음왕국의 탐험가가 된 느낌이었다.

■순록

순록은 사슴 류의 일종인데 노르웨이 북부에서 시베리아의 툰드라나 알래스카 주, 캐나다 북부, 그린란드 서안 등 툰드라 기후 지역에서 서식합니다. 코끝이 털로 덮여있어 보온과 눈 속에서 먹이를 찾는 데 도움이 되고 발굽은 너비가 넓고 편평해서 눈 위나 얼음 위에서 활동하는 데 알맞게 되어 있습니다. 보통 5~100마리가 무리를 지어 생활하며 대부분 봄·가을에 큰 무리를 이루어 먹이(이끼류)를 찾아 먼 거리를 이동한다고 합니다. 북극권 사람들에게 고기를 제공하고 가죽은 의복이나 텐트의 재료로 힘줄은 끈을 만드는 데 이용됩니다.

"드디어 꿈에 그리던 개썰매를 타게 되다니! 이번 여행 정말 끝내주지 않아? 돌아가면 애들한테 자랑할게 많겠는걸! 크크!"

그러고 보니 세상의 모든 교통수단은 다 타본 것 같았다. 항공기는 지겹도록 탔고, 경비행기에 지프, 낙타, 심지

순록

어는 셰르파의 등에 업혀보기까지 했으니 그야말로 안 타본 이동 수단이 없는 다사다난했던 여행이었다. 엄마도 땅이와 같은 생각인 것 같았다.

한참을 달리고 나자 슬슬 지루해지고 바람도 점점 거세질 무렵이었다. 팡니퉁 할아버지께서 썰매를 멈추더니 여기서 야영을 한다고 하신다.

"어? 아직 밤도 아닌데 벌써 야영을 해요?"

"시계를 봐봐. 지금이 밤 열시인데?"

"에? 그럴 리가요! 아직 대낮 같은데. 엄마, 장난하지 마세요."

"글쎄, 엄마가 장난치는 걸까? 잘 생각해봐."

생각해보라고? 뭔가 이유가 있다는 말씀인데, 가만있자. 밤인데 환하다, 밤인데 환하다, 이게 무슨 일일까? 환한 밤이라, 환한 밤, 그때, 번쩍하고 땅이의 머리를

■백야현상(白夜, white night)

위도가 대개 66.5° 이상인 고위도 지방에서는 태양이 지평선 아래로 완전히 지지 않기 때문에 밤이 깊어도 어슴푸레하거나 환한 현상이 일어나는데 이를 백야라고 합니다. 북극 주변에서는 하지(6월 22일)를 전후로, 남극 주변에서는 동지(12월 22일)를 전후로 나타나며 가장 긴 곳은 무려 6개월이나 계속되기도 합니다. 툰드라 지역의 경우 5월~7월에는 17시간에서 24시간 종일 낮을 경험하며, 8월에는 15시간에서 19시간 동안 햇빛을 볼 수 있는데 9월까지도 12시간 이상 대낮을 느낄 수 있답니다. 이러한 현상은 지구가 기울어져 자전하기 때문에 극지방의 경우 여름이 되었을 때 아무리 한 바퀴를 돌아도 태양이 계속 보이기 때문이며 반대로 겨울에는 아무리 돌아도 태양을 볼 수 없어 어슴푸레한 낮이 계속되는 것입니다.

스치는 단어가 있었으니 바로 백야!

"알았어요, 엄마! 그럼 우리가 지금 백야현상을 경험하는 중?"

"그렇단다."

"우와, 신기하네. 밤인데도 정말 환하네. 믿을 수 없어."

"너 같은 늦잠꾸러기에겐 최악의 조건이지?"

현명해 여사는 아침마다 늦잠을 자느라 속을 썩이던 하늘이를 보며 말했다.

"그야말로 해가 지지 않는 나라네요! 크크!"

하늘이는 현명해 여사의 날카로운 눈빛에 능청스럽게 대답하고는 이뉴잇 아저씨들이 분주하게 일하는 곳으로 도망쳤다.

"할아버지, 아저씨들은 지금 뭐하시는 거예요?"

"이글루를 짓는 중이란다."

"우와! 그럼 오늘밤은 진짜 이글루에서 자는 거예요? 신난다!"

이뉴잇 아저씨들은 넓적한 칼을 가지고 눈 위를 다니면서 눈덩이를 네모난 벽돌처럼 자르고 계셨다. 그것들을 눈 덮힌 얼음 위에 동그랗게 돌아가며 쌓은 후 그 위로 계속 쌓아 올리자 사진으로만 보았던 이글루가 금방 만들어졌다. 신기한지 땅이도 쫓아와 그 과정을 하나하나 지켜보고 있었다.

"그런데 오빠, 춥지 않을까? 얼음 위에 짓는 거잖아."

땅이의 얘기를 들었는지, 팡니퉁 할아버지가 웃으면서 말씀하셨다.

"추울지 어떨지 한번 안에 들어가 보렴. 아마 밖에 나오기 싫을 정도로 아늑할 걸?"

할아버지는 하늘이와 땅이를 데리고 이글루 안으로 들어갔다. 이글루 가운데에는 이미 모닥불이 피워져 있고, 바닥에는 순록 모피가 깔려져 있어, 안에 들어서자 정말 훈훈한 기운이 들었다.

"세상에, 얼음 안에서 모닥불을 피우다니. 정말 신기하다!"

하늘이와 땅이는 눈이 녹는 곳이 없는지 구석구석 둘러봤지만 이글루는 바깥의 바람에도, 안의 열기에도 튼튼하기만 했다. 땅이는 문화라는 것은 환경에 적응해 발전해 간다는 대장의 말을 다시 한 번 떠올렸다.

"애들아, 잠깐 밖으로 나와 볼래?"

얼마를 잤을까? 대장이 하

■이글루를 만드는 법

① 눈 속 깊이 잘 다져진 눈덩이를 골라 동물 뼈나 금속으로(최근) 만든 눈 칼을 이용해 벽돌처럼 자릅니다.

② 평평한 눈 위에 원형으로 첫 번째 열을 쌓은 후 나선형으로 쌓아올리도록 경사지게 윗부분을 깎습니다.

③ 그 위에 나선형의 도움 모양으로 또 다른 층을 쌓아가 맨 꼭대기에 환기 구멍만 남깁니다.

④ 빈틈은 눈으로 메우고 투명한 얼음 조각이나 바다표범 내장으로 창문을 끼웁니다.

⑤ 반원통형의 좁은 통로를 3m 길이로 입구에 만들고 바다표범 가죽을 걸어두어 찬 공기를 차단합니다.

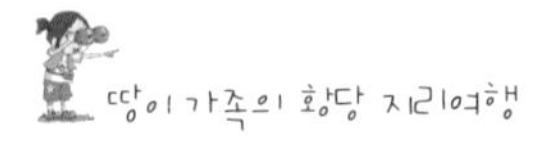

늘이와 땅이를 깨우며 말했다. 아잉~ 추운데 왜 밖으로 나오라고 하시지? 순록 가죽 바닥에서 늘어져라 자고 있던 하늘이와 땅이는 옷을 단단히 갖춰 입고 밖으로 나갔다.

얼음으로 만든 집, 이글루

밖은 어두워져 있었고 오지랖 대장과 현명해 여사는 순록 가죽을 깔고 이글루 벽에 기대어 앉아 있었다. 하늘이와 땅이도 엄마 아빠 옆에 앉았다.

"하늘이, 땅이, 저 하늘 좀 보렴."

대장이 가리키는 곳을 보니 하늘에서 오색의 아름다운 빛이 춤을 추고 있었다.

"우와! 하늘 좀 봐! 대장, UFO가 나타난 거예요?"

"하늘을 물감으로 칠해놓은 것 같아요. 정말 예쁘다!"

한 줄기 강한 빛이 하늘로 치솟더니 또 다른 빛줄기와 기가 막히게 합쳐지기도 하고 부드럽게 구부러진 커튼 모양이 되어 밤하늘에 노란색, 연두색, 자주색의 커튼을 드리우

■ 오로라(aurora)

오로라는 태양 표면의 폭발로 우주공간으로부터 날아온 전기를 띤 입자가 지구자기의 변화에 의해 극지방 부분의 고도 100~500km 상공에서 대기 중 산소 분자와 충돌해서 생기는 방전현상입니다.

기도 했다. 이렇게 신비롭고 아름답고 화려하고 감동적인 자연의 신비를 또 다시 체험할 수 있을까? 하늘이와 땅이는 추위도 잊고 벌떡 일어나 그 아름다운 광경을 바라보았다.

"저게 바로 대장의 마지막 선물이라고 하는구나."

눈치 없기로 치자면 둘째 가라고 해도 서러울 하늘이도 엄마의 목소리가 잔잔하게 떨리는 것을 느낄 수 있었다. 돌아보니 엄마의 눈가가 촉촉하게 젖어 있었다.

"겨울 밤하늘의 오로라는 더욱 아름답단다. 전에 이곳에 왔을 때는 겨울이었는데, 코가 떨어져 나갈 만큼 시린 바람을 맞으며 오로

라를 바라보면서, 언젠가 꼭 엄마하고 하늘이, 땅이와 함께 이곳에 오겠다고 마음먹었지. 어때, 아빠의 선물 마음에 드니?"

"당연하지요! 최고에요!"

하늘이와 땅이는 아빠 엄마 품으로 뛰어들었다.

"잠깐! 잠깐! 엄마에게도 말할 기회를 줘야지."

현명해 여사는 뿔테안경을 고쳐 쓰며 말을 시작하자 대장과 하늘이, 땅이는 순간 긴장했다.

"흠흠, 시베리아 횡단열차에서 대장의 납치가 거짓말이란 걸 눈

오로라

치 챘을 때 얼마나 화가 났는지……. 지금 생각해도 여전히 화가 나. 하지만, 대장의 일기장이 온통 너희들 얘기로 도배되어 있는 걸 보고 용서하기로 했단다. 물론 가장 중요한 건 하늘이랑 땅이가 이번 여행을 통해 쑥쑥 커가는 걸 보고, 어쩌면 대장의 말이 맞을지도 모른다는 생각이 들었기 때문이야."

한 번 더 잔소리를 들을 거라고 생각했던 대장은 엄마의 겸손한 고백에 활짝 웃음 지었다.

"그동안 학교 때문에, 공부 때문에 대장과 같이 여행가지 못하게 한 것 미안하다. 앞으로는 이런 기회를 많이 만들도록 엄마 아빠가 노력할게. 대장이 또 납치되는 일은 없어야 하지 않겠니?"

현명해 여사는 하늘이와 땅이에게 윙크를 보냈다.

"그럼, 이참에 우리 세계 일주를 해보는 건 어떨까?"

"여봇! 절대……. 읍!"

하늘이와 땅이는 엄마가 뿔테안경을 고쳐 쓰지 못하도록 얼른 달려들어 엄마의 뿔테안경을 뺏어버렸다.

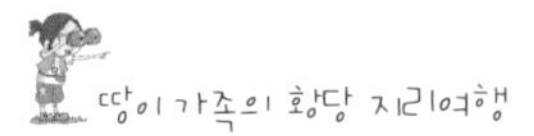

"좋아요!!!! 다음 목적지는 어디가 좋을까요?"

하늘이와 땅이는 오로라를 향해 힘차게 뛰어올랐다.

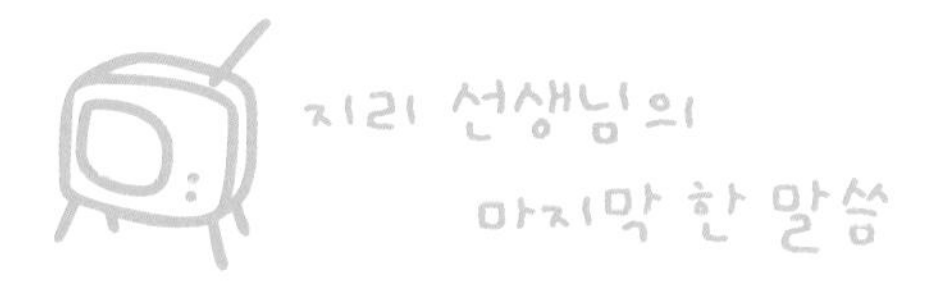

땅이네 가족과 함께한 지리여행은 즐거웠나요? 어디, 열심히 따라다녔는지 확인을 한번 해볼게요. 사막을 여행할 때는 어떤 옷을 준비해야 하지요? 더운 지역이니깐 당연히 짧은 옷을 가져가야 한다고요? 이런, 기억을 더듬어보세요. 땅이와 하늘이가 아프리카의 사막 한 가운데에 불시착 한 후, 뜨거운 햇빛 아래에서 엄마를 잃어버리고 슬퍼하다가 그만 피부에 화상을 입었잖아요. 더운 지방의 사막은 햇빛이 무척 강하기 때문에 아무리 더워도 반드시 긴 옷을 입어줘야 해요. 또한 해가 지면 기온이 뚝 떨어지면서 추워지기 때문에 두꺼운 옷도 준비해야 하고요. 땅이와 하늘이도 낙하산으로 텐트를 만들고 그것도 모자라 뒤집어쓰기까지 했잖아요. 이제 기억이 난다고요? ㅋㅋ

만약 여러분이 이러한 것들을 모르고 사막지역을 여행한다면 어떻게 될까요? 아마 적절한 옷을 준비하지 못해서 여린 피부에 화상을 입거나 추위에 밤새 부들부들 떨어야 할지도 몰라요. 하지만 이제부터 그런 걱정은 하지마세요. 이런 일을 막아줄 수 있는 신비의 마술지팡이가 있거든요. 그게 뭔지 아세요? 바로 '지리 공부' 랍니다! ㅋㅋ 뜬금없다고요? 아니에요. 지리 공부를 열심히 해두면 여행을 할 때 어디를 가든지 언제 가든지 그 나라의 기후에 맞는 여행 가방을 꾸릴 수가 있어요. 1월에 브라질을 간다고 두꺼운 털옷을 가져간다거나, 8월에 알래스카를 간다고 반바지에 민소매 옷을 가져가는 등의 어리석은 행동을 피할 수 있지요. 신비의 마술지팡이로 여러분들이 낯선 장소에 직접 가보지 않더라도 그곳의 상황을 예측할 수 있는 능력을 키워주고 싶어요. 그래서 예상치도 못한 상황을 맞닥트렸을 때 현명하게 대처할 수 있는 지혜로움을 갖게 하고 싶거든요.

지리는 내가 가보지 못한 다른 장소에 대해 관심을 가지고 그 속에서 살아가는 사람들의 모습을 이해하는 것, 그것을 가장 중요하게 생각하는 과목이에요. 단, 사람들의 모습을 이해하려고 할 때 꼭 함께 생각해줘야 하는 것이 있는데 바로 그곳의 자연환경이랍니다.

그 장소에서 일어나는 여러 가지 다양한 일을 '사람과 자연환경과의 관계' 에서 이해하면 훨씬 쉽게 그 장소를 파악할 수 있어요. 그곳의 지형이나 기후를 모른다면 왜 그렇게 살아가는지 전혀 이해할 수가 없거든요. 예를 들어서 열대기후에 사는 사람들은 왜 집을 높게 짓고 사는지 아세요? 날씨가 무덥고 습하기 때문에 땅에서 올라오는 뜨거운 열을 피하고 바람이 잘 통하도록 하기 위함이죠. 또한 해충이 많아서 피하기 위한 이유도 있어요. 이처럼 열대기후를 이해하지 않고서는 절대로 그들의 생활모습을 이해할 수가 없어요.

각 지역의 자연환경을 이해하는 것은 정말 중요한 일이에요. 왜 우리나라의 주식은 쌀이고 유럽인들의 주식은 고기인지, 왜 영국에서 골프와 축구가 시작되었는지, 왜 나라마다 집 모양이 다르고 옷 모양이 다른지 생각해 본 적 있나요? 이런 궁금증들은 자연환경을 파악하고 나면 쉽게 이해할 수가 있는 것들이지요.

자연환경 중에서도 우리의 의식주 문화에 큰 영향을 미치는 것이 기후에요. 만약 여러분이 다양한 기후의 특색을 알고 어느 곳에 어떤 기후가 나타나는지 알고 있다면, 세계 사람들이 다양하게 살아가는 모습을 좀 더 쉽고 정확하게 이해할 수가 있답니다. 이런 이유 때문에 선생님은 세계의 기후와 그곳 사람들의 생활 모습을 소개하는 이 책을 만들게 되었답니다.

『땅이 가족의 황당 지리여행』에 등장하는 오지랖 대장은 세계의 기후를 연구하는 일을 하는 사람이에요. 자신이 세계를 여행하면서 각 지역의 독특한 기후와 그 속에서 살아가는 사람들의 다양하고 인간적인 모습을 현명해 여사와 땅이, 하늘이에게도 보여주고 싶었던 거지요. 그것은 분명 꼭 필요하고 의미 있는 일이라고 판단했기 때문이에요. 이 오지랖 대장의 마음이 바로 선생님의 마음이기도 하답니다.

이 책을 통해 여러분이 '세상을 지리적으로 보는 눈'을 키워서 이 세상을 좀 더 넓고 흥미롭게, 그리고 새롭게 바라보게 되기를 바랍니다. 선생님은 이만 작별인사를 할게요.

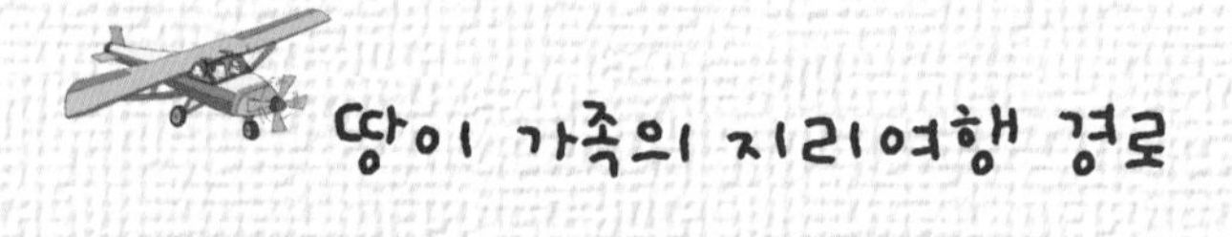
땅이 가족의 지리여행 경로

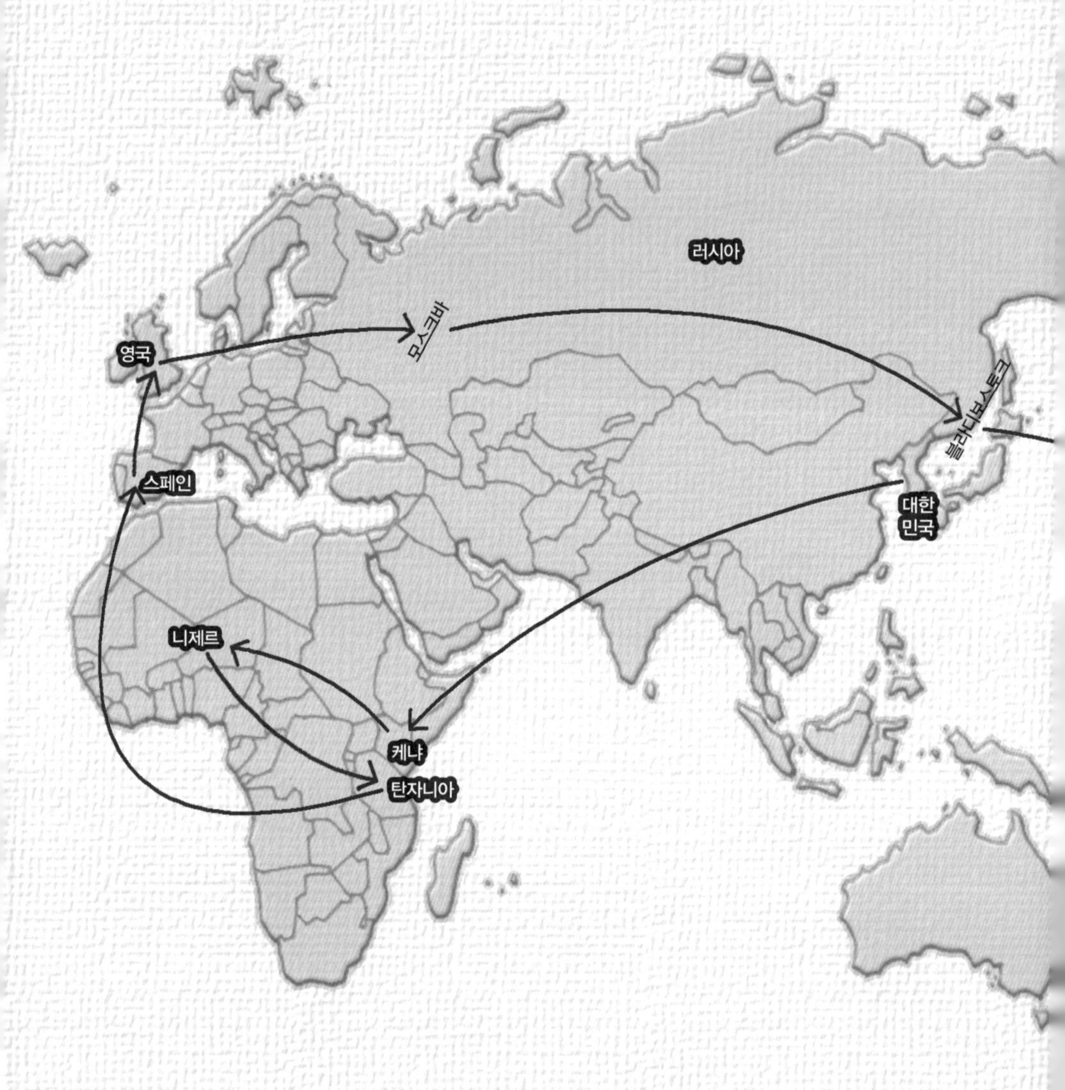
러시아
모스크바
영국
블라디보스토크
스페인
대한
민국
니제르
케냐
탄자니아

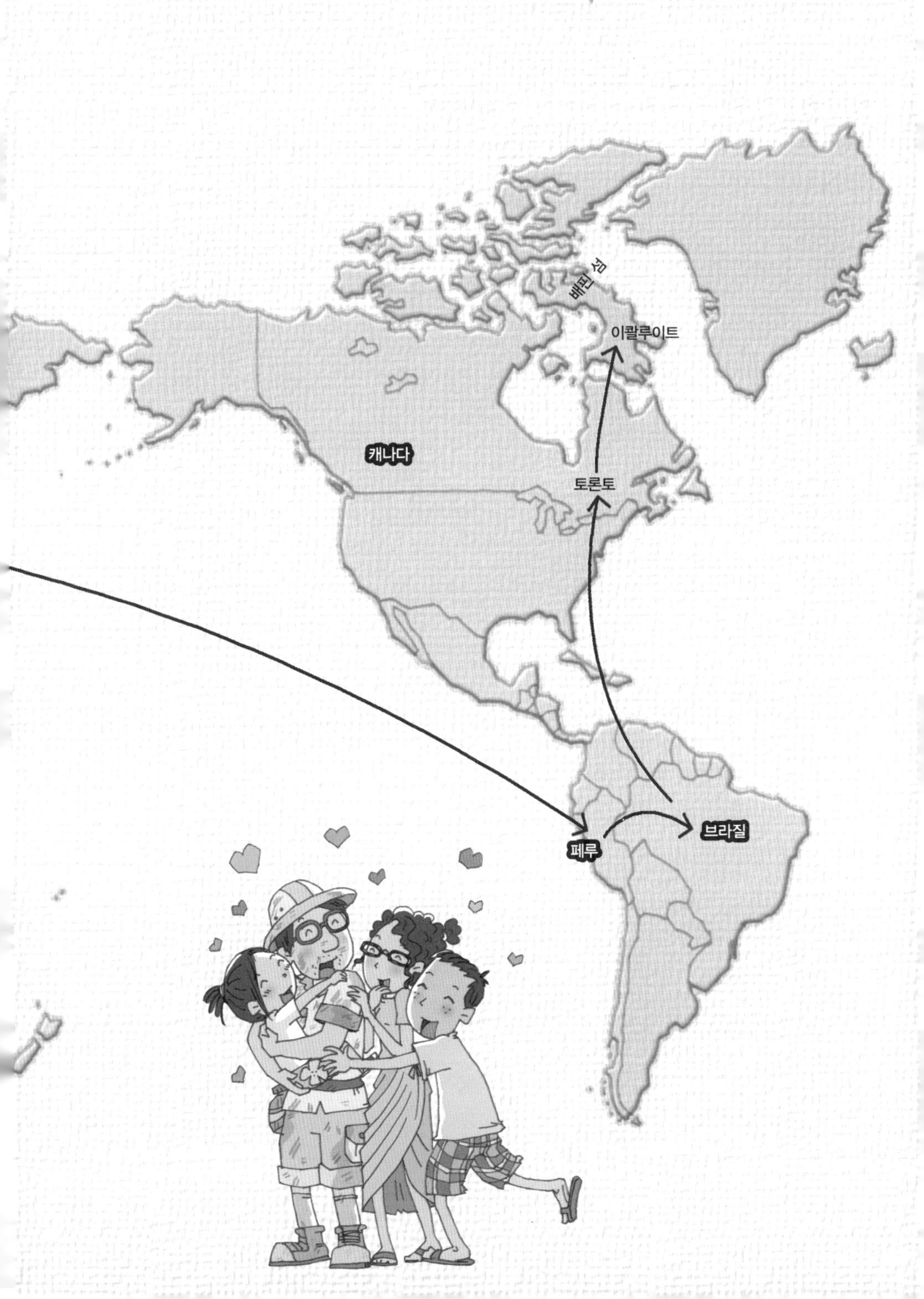

배핀 섬
이칼루이트
캐나다
토론토
페루
브라질

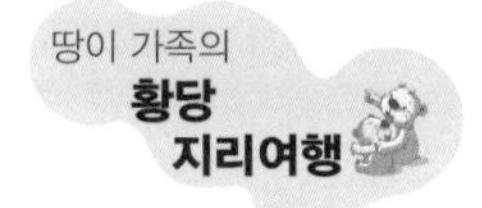

초판 발행 | 2007년 4월 9일
6쇄 발행 | 2008년 11월 28일

지은이 | 박정애 · 엄정훈
펴낸이 | 심만수
펴낸곳 | (주)살림출판사
출판등록 | 1989년 11월 1일 제9-210호

주소 | 413-756 경기도 파주시 교하읍 문발리 파주출판도시 522-2
전화 | 영업 · 031)955-1350 기획 편집 · 031)955-1363
팩스 | 031)955-1355
이메일 | book@sallimbooks.com
홈페이지 | http://www.sallimbooks.com

ISBN 978-89-522-0628-2 43980

값 9,800원

그린란드
캐나다
미국
대서양
멕시코
쿠바
도미니카 공화국
벨리즈
온두라스
과테말라
니카라과
엘살바도르
파나마
코스타리카
베네수엘라
가이아나
수리남
콜롬비아
에콰도르
페루
브라질
볼리비아
파라과이
우루과이
아르헨티나
칠레
캐나다
빙설 기후
페루
고산 기후
브라질
열대우림 기후
자르는 선

S
7
14
21
28
S
4
11
18
25
S
5
12
19
26
ㅋㅋㅋ

2009

1

S	M	T	W	T	F	S
				1	2	3
4	5	6	7	8	9	10
11	12	13	14	15	16	17
18	19	20	21	22	23	24
25	26	27	28	29	30	31

2

S	M	T	W	T	F	S
1	2	3	4	5	6	7
8	9	10	11	12	13	14
15	16	17	18	19	20	21
22	23	24	25	26	27	28

3

S	M	T	W	T	F	S
1	2	3	4	5	6	7
8	9	10	11	12	13	14
15	16	17	18	19	20	21
22	23	24	25	26	27	28
29	30	31				

4

S	M	T	W	T	F	S
			1	2	3	4
5	6	7	8	9	10	11
12	13	14	15	16	17	18
19	20	21	22	23	24	25
26	27	28	29	30		

5

S	M	T	W	T	F	S
					1	2
3	4	5	6	7	8	9
10	11	12	13	14	15	16
17	18	19	20	21	22	23
24/31	25	26	27	28	29	30

6

S	M	T	W	T	F	S
	1	2	3	4	5	6
7	8	9	10	11	12	13
14	15	16	17	18	19	20
21	22	23	24	25	26	27
28	29	30				

7

S	M	T	W	T	F	S
			1	2	3	4
5	6	7	8	9	10	11
12	13	14	15	16	17	18
19	20	21	22	23	24	25
26	27	28	29	30	31	

8

S	M	T	W	T	F	S
						1
2	3	4	5	6	7	8
9	10	11	12	13	14	15
16	17	18	19	20	21	22
23/30	24/31	25	26	27	28	29

9

S	M	T	W	T	F	S
		1	2	3	4	4
6	7	8	9	10	11	12
13	14	15	16	17	18	19
20	21	22	23	24	25	26
27	28	29	30			

10

S	M	T	W	T	F	S
				1	2	3
4	5	6	7	8	9	10
11	12	13	14	15	16	17
18	19	20	21	22	23	24
25	26	27	28	29	30	31

11

S	M	T	W	T	F	S
1	2	3	4	5	6	7
8	9	10	11	12	13	14
15	16	17	18	19	20	21
22	23	24	25	26	27	28
29	30					

12

S	M	T	W	T	F	S
		1	2	3	4	5
6	7	8	9	10	11	12
13	14	15	16	17	18	19
20	21	22	23	24	25	26
27	28	29	30	31		

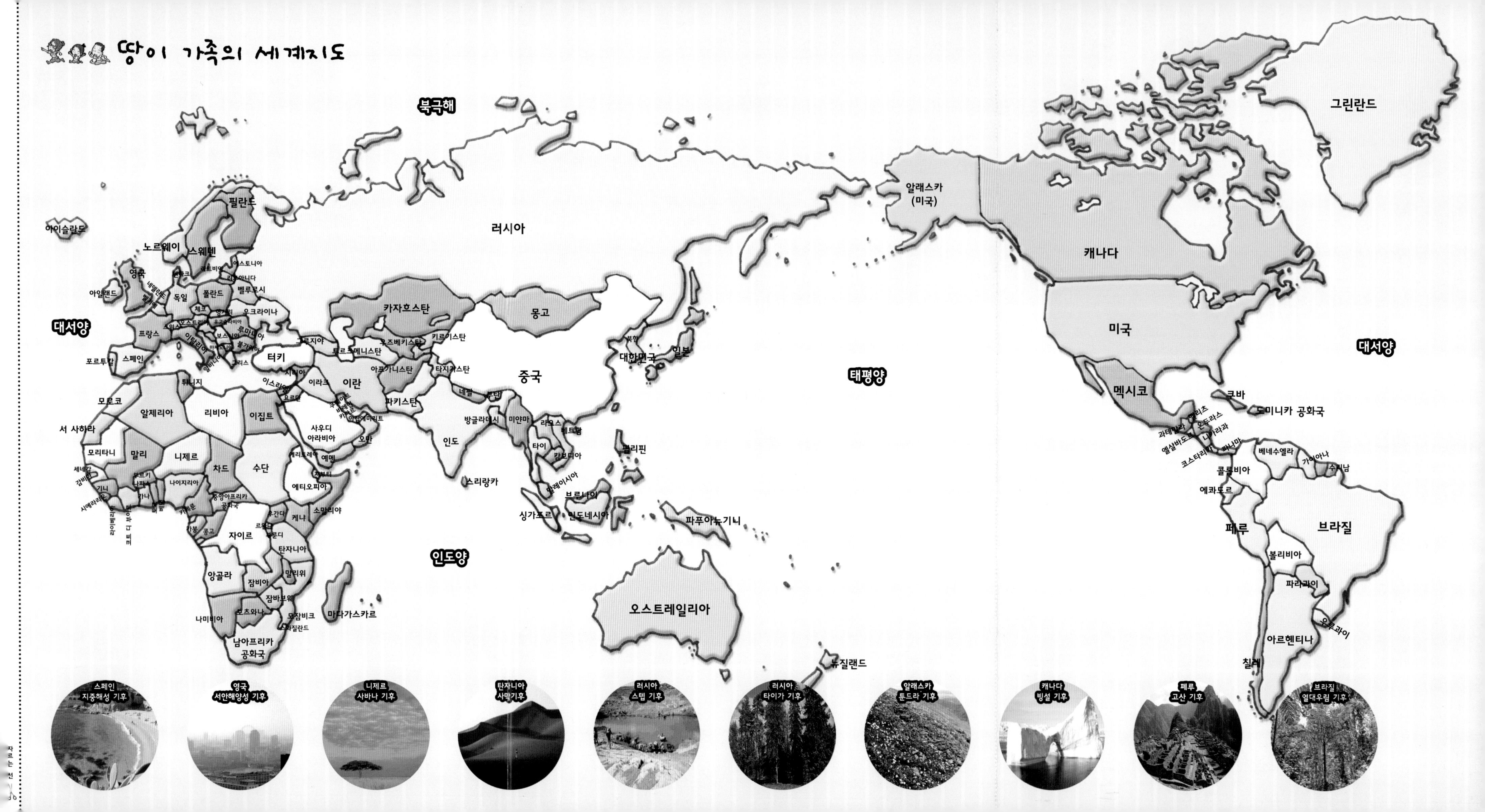
땅이 가족의 세계지도
북극해
그린란드
알래스카 (미국)
러시아
필란드
아이슬란드
노르웨이
스웨덴
에스토니아
라트비아
리투아니아
벨루로시
영국
아일랜드
덴마크
네덜란드
벨기에
독일
폴란드
체코
우크라이나
대서양
프랑스
스위스
오스트리아
이탈리아
헝가리
루마니아
불가리아
포르투갈
스페인
그리스
터키
그루지야
카자흐스탄
몽고
우즈베키스탄
키르기스탄
투르크메니스탄
아프가니스탄
타지키스탄
시리아
이라크
이란
이스라엘
요르단
쿠웨이트
아랍에미리트
사우디 아라비아
오만
예멘
파키스탄
네팔
부탄
인도
방글라데시
미얀마
중국
북한
대한민국
일본
라오스
베트남
타이
캄보디아
필리핀
말레이시아
브루나이
싱가포르
인도네시아
스리랑카
파푸아뉴기니
오스트레일리아
뉴질랜드
태평양
인도양
캐나다
미국
멕시코
쿠바
도미니카 공화국
대서양
과테말라
벨리즈
온두라스
엘살바도르
니카라과
코스타리카
파나마
베네수엘라
가이아나
수리남
콜롬비아
에콰도르
페루
브라질
볼리비아
파라과이
우루과이
아르헨티나
칠레
튀니지
모로코
알제리아
리비아
이집트
서 사하라
모리타니
말리
니제르
차드
수단
세네갈
감비아
기니
부르키나파소
나이지리아
에리트레아
지부티
에티오피아
소말리아
시에라리온
라이베리아
코트디부아르
가나
카메룬
중앙아프리카 공화국
우간다
케냐
가봉
콩고
자이르
르완다
부룬디
탄자니아
앙골라
잠비아
말라위
잠바브웨
나미비아
보츠와나
모잠비크
스와질란드
남아프리카 공화국
마다가스카르
스페인 지중해성 기후
영국 서안해양성 기후
니제르 사바나 기후
탄자니아 사막기후
러시아 스텝 기후
러시아 타이가 기후
알래스카 툰드라 기후
캐나다 빙설 기후
페루 고산 기후
브라질 열대우림 기후
자르는 선